우정욱의

좋은 사람
행복한 요리

특별한 모임을 위한
메뉴 플래닝 *Menu planning*

BnCworld

식탁이 여러 사람들과
소통하는 장이 되길 바라며…

『맑은 날, 정갈한 요리』 책이 나온 지 어느새 5년이 지났네요. 그동안 정말 감사하게도 많은 분들이 부엌에 두고 열심히 보고, 심지어 책 때문에 고맙다는 인사도 많이 받았습니다. 남들은 잘했다 잘했다 하는 일도 나름의 아쉬움이 남듯이 저도 마찬가지입니다. 『맑은 날, 정갈한 요리』에서 하지 못해 아쉬웠던 것, 그리고 부족한 부분들을 이 책에 담았습니다.

이번 『좋은 사람, 행복한 요리』는 『맑은 날, 정갈한 요리』와는 전혀 다른 콘셉트의 책입니다. 상차림에 관한 책이죠. 손님을 맞이하는 한상차림. 어떤 음식을 어떻게 구성해서 낼지, 손님을 맞는 날의 콘셉트에 맞게 메뉴를 구성한 책입니다. 뭘 먹을지, 무슨 음식을 해서 낼지 메뉴 선택이 상차림의 반인 것 같아요. 우리 집은 마치 영업집처럼 정말 많은 사람이 드나들었어요. 그렇게 손님을 치르다 보니 제 머리에는 메뉴 리스트가 제법 짜여 있죠. 오늘 어떤 손님이 온다고 하면 그에 걸맞은 메뉴가 대충 정리되거든요. 요즘처럼 바쁜 세상에서는 누군가를 초대해 식사를 대접한다는 게 부담스럽고 걱정이 앞서는 일이라 생각합니다. 집에서 손님을 맞는 수고를 덜고자 적지 않은 돈을 지불하고라도 번잡한 식당에서 식사를 하는 사람들이 대부분이죠. 가끔은 메뉴 선택을 잘못해서 만족스럽지 못한 식사를 할 때도 있고요. 이번 책에서는 초대의 목적에 맞게 메뉴를 구성하고, 또 누구나 편히 할 수 있는 스타일링 팁까지 알려드리려고 애썼습니다.

제가 늘 하는 초대상을 그대로 재현했습니다. 재료 구입에 많은 노동력과 비용이 들어가지 않게 고려하면서 예전 요리에 비해 좀 더 쉬운 가정 요리로 세트를 구성했습니다. 디저트도 만들기 쉽고 최고의 맛을 내는 것들만 모았고요. 여러 가지 다국적 가정 요리를 조합한 글로벌한 음식으로 재미있는 식탁을 보여드립니다.

상차림을 쉽게 하는 몇 가지 팁을 알려드릴게요. 손님을 초대하는 이유와 초대하는 날의 성격, 초대하는 사람들의 특성을 생각하세요. 그리고 내가 잘할 수 있는 음식을 초대 날의 성격에 맞게 조합하면 서너 가지의 음식으로도 아주 흡족한 모임을 가질 수 있습니다.

예전에는 저도 손님을 초대한다고 하면 3박 4일을 꼬박 부엌에서 일하곤 했어요. 하지만 주부 생활 15년이 지나니 손님상을 차리는 데 배짱이 생기고, 너무 과한 상차림은 내 과시인 것 같다는 생각도 들었습니다. 모든 것이 물 흐르듯 자연스럽게, 그리고 지나치게 과하지 않은 자리가 초대하는 사람과 초대받는 사람 모두에게 편하다는 것도 터득했죠. 그러다 보니 집에 누군가를 초대하는 일이 그리 힘들지 않고 오히려 즐거운 시간이 됐어요. 그리고 손님들과 정이 깊이 쌓여 한분 한분 섬기는 일을 자연스럽게 배우게 되었지요.
점점 가정식 웰빙 음식을 선호하고 집밥을 챙겨 먹어야 하는 어려운 시대에 살면서 부엌은 바빠지고 식탁은 정이 넘치는 소통의 장이 되기를 바랍니다. 이번 책이 많은 분들께 꼭 필요하고 도움이 되기를 바랍니다.

어느덧 나이 50이 훌쩍 넘어 인생의 후반부를 살아가고 있습니다. 그동안 저에게 주신 작은 재능으로 많은 사람들을 가르치고 덕분에 훈련된 제가 잘할 수 있고 좋아하는 일을 하고 있는 것 같아 보람있고 감사합니다.
이번 요리책도 『맑은 날, 정갈한 요리』와 세트로 같이 부엌 한 구석에 꽂혀 있기를 바라면서 부엌은 사랑의 결과물이 만들어지는 곳, 식탁은 웃음이 넘치는 가장 편안한 안식의 공간이 되길 희망합니다.
제 손에 손맛을 부어 주신 것도 얼마 안 된 것으로 압니다. 사랑하는 마음과 맛있는 음식에서 치유와 회복이 일어나는 것을 느끼며 계속 섬기는 자리에 한결같이 있게 해주신 하나님께 감사를 드립니다.
마지막으로 저를 믿어주신 비앤씨월드 출판사 이명원 실장님께 감사드리고 아침부터 밤까지 몹시 꼼꼼하게 책을 만들어준 이채현 팀장님 및 출판 팀, 포토그래퍼 실장님, 스타일링 팀, 저를 도와 준 제자들과 예쁜 꽃을 준비해주고 고가의 그릇들을 협찬해 주신 분들께 깊은 감사와 사랑을 전합니다.

2014년 11월, 우정욱

CONTENTS

02 특별한 날 감동을 더하는
즐거운 식탁

일러두기

- **이 책은 상황별 상차림을 소개합니다.**
  상황에 따른 상차림을 전채부터 디저트까지 한눈에 볼 수 있으며,
  이어서 각각의 메뉴 레시피를 볼 수 있습니다.

- **이 책의 모든 메뉴는 5~6인분 기준입니다.**
  손님을 맞이하는 초대 상차림이므로 모자라지 않게 넉넉하게 준비했습니다.

우정욱의 손맛 따라잡는
맛간장 & 밑국물

맛간장

<계량법>

- 1컵 = 200㎖
- 1작은술 = 5㎖
  (밥 숟가락 절반 분량)
- 1큰술 = 15㎖
  (가루나 장류일 경우
  밥 숟가락 가득,
  액체일 경우 밥 숟가락 1⅓ 분량)

· 재료 ·

사과 1개, 레몬 1개, 양파 2개, 마늘 6쪽, 생강 1톨, 통후추 20알, 물 2컵,
간장 10컵, 설탕 1kg, 맛술 1½컵, 청주 1컵

1. 사과와 레몬은 껍질째 깨끗이 씻어 얇게 썬다. 양파는 반 자른다.
2. 냄비에 양파, 마늘, 생강, 통후추를 넣고 물을 부어 한소끔 끓인 뒤 불을 약하게
   줄여 분량이 반 정도 줄 때까지 끓인 다음 체에 밭쳐 국물만 거른다.
3. 다른 냄비에 간장과 설탕을 넣고 끓으면 맛술과 청주, ②의 국물을 부어
   20분간 끓인 다음 불을 끈다.
4. ③에 사과와 레몬을 넣고 뚜껑을 닫은 채로 실온에서 10시간 두었다가
   면포에 밭쳐 간장만 걸러낸다.

- 장조림, 멸치 볶음, 어묵 조림 등 밑반찬을 만들 때 넣으면 일반 간장을 넣는 것보다
  깊은 맛을 낸다. 비빔장이나 만두, 전 등을 찍어먹는 초간장을 만들 때 넣어도 좋다.
  맛간장에 레몬즙을 살짝 첨가하면 훌륭한 샐러드 드레싱이 된다.
- 보관은 실온에서 두 달 정도 가능하다.

쇠고기 육수

· 재료 ·

쇠고기(양지머리) 300g, 무 1토막,
양파 ½개, 대파 잎 1대 분량,
통후추 1작은술, 물 8컵

1. 쇠고기는 찬물에 30분 정도 담가
   핏물을 뺀다.
2. 쇠고기를 제외한 모든 재료를
   냄비에 넣어 끓이다가 쇠고기를
   넣고 국물이 끓어오르면 불을
   약하게 줄여 30분 정도 끓인다.
3. ②의 육수를 면포에 거르고
   실온에서 차갑게 식힌 다음 위에
   굳은 기름을 걷어낸다.

• 떡국이나 만둣국, 뭇국, 전골 요리에
  사용하거나 여름에는 차갑게 식혀
  냉국이나 차가운 면 요리의 국물로
  활용하면 좋다.

멸치 국물

· 재료 ·

국물용 멸치 15마리,
다시마(사방 5㎝) 1장, 양파 ¼개,
대파 1대, 물 6컵

1. 냄비에 멸치를 넣고 향이 날 정도만
   살짝 볶은 다음 나머지 재료를 모두
   넣어 중불에서 끓인다.
2. 국물이 끓기 시작하면 다시마를
   건지고 15분간 약불에서 끓인다.
3. ②의 국물을 면포에 걸러 맑은
   국물만 받는다.

• 된장찌개, 된장국, 콩나물국, 매운탕
  등 찌개나 국을 끓일 때 주로
  사용한다. 그 외에도 나물 볶음이나
  생선을 조릴 때 조금씩 넣으면 맛이
  훨씬 더 풍부해진다.

다시마 가다랑어 국물

· 재료 ·

다시마(사방 10㎝) 1장,
가다랑어 포 100g, 물 6컵

1. 냄비에 물과 다시마를 넣고 10분
   간 끓인 다음 불을 끄고 다시마를
   건진다.
2. ①의 국물에 가다랑어 포를 넣고
   5분간 그대로 둔다.
3. ②의 국물을 면포에 걸러 맑은
   국물만 받는다.

• 조개류가 들어가는 탕에 잘 어울리며
  가다랑어 포의 감칠 맛을 더해 일본식
  지리, 조림, 어묵탕에도 잘 어울린다.
  다시마를 우릴 때는 찬물에 넣고
  서서히 끓이는 게 좋다.

우정욱의 부엌에서 만나는
음식, 그릇, 그리고 소품 이야기

요즘처럼 바쁜 세상에 누군가를 초대해서 식사를 대접한다는 건 참으로 부담스러운 일입니다. 무슨 음식을 할까 고민하면서도 그 고민 끝에 음식을 어떤 그릇에 담아 어떻게 세팅해서 내면 좋을지 생각하는 걸 보면 웃음이 나면서도 한편으로 즐겁지요. 폼 나게 차려 낸 상에서 누군가 바쁘게 수저를 움직여가며 맛있게 음식을 먹는 모습을 보면 한없이 뿌듯해지기도 합니다. 음식을 만들어 어떤 그릇에 어떻게 내는지 이야기를 시작해 보겠습니다.

1. 손님을 초대할 때는 적어도 네 가지 이상의 음식을 준비합니다. 샐러드는 기본이고 고기 요리와 해물 요리가 적절하게 섞이도록 하고 반찬으로도 먹을 수 있는 일품과 밥을 내죠. 후식은 별도로 준비하고요.

2. 조리할 때는 접시보다 트레이를 많이 사용해요. 크기별로 여러 개 준비해서 손질한 재료를 정리해 두면 조리할 때 아주 편하거든요. 그리고 튀김이나 부침 등도 그릇에 담기 전에 덜어두고요. 여러모로 쓸모가 많습니다.

3. 조리할 때 토치를 많이 사용해요. 음식의 모양을 살리면서 노릇하게 구운 효과도 주고 불맛도 살릴 수 있거든요. 그리고 파이나 빵, 과일 위에 설탕을 뿌려 토치로 구우면 갈색의 캐러멜을 쉽게 만들 수 있습니다.

뷔페식 상을 차릴 때는 손님들이 편하게 음식을 먹을 수 있도록 그릇이나 커트러리를 넉넉하게 쌓아둡니다. 술이나 음료도 준비해서 한 곳에 모아두고 모양과 디자인이 제각각이라 짝이 맞지 않더라도 물컵도 충분히 마련하세요.

손님을 초대한 자리에 빠뜨리지 않는 게 꽃입니다.
테이블 분위기에 맞게 꽃을 준비하면 식사 자리가 한결 부드러워지죠.
꽃을 꽂는 솜씨는 없지만 꽃 시장에서 한두 종류의 꽃과 유칼립투스나
줄아이비 등의 푸른 이파리를 사서 꽃과 이파리를 함께 꽂아봅니다.
화병 대신 다양한 디자인의 컵을 사용해서 소박한 꽃꽂이를 해 보세요.

대부분 음식을 담는 그릇에 비해 그다지
신경 쓰지 않는 게 물컵이죠. 하지만 늘 똑같은
유리컵을 사용하는 것보다 상차림에 맞게
때로는 클래식하게, 때로는 캐주얼하게,
또 때로는 컬러풀하게 준비하면 한결
근사한 테이블이 될 겁니다.

상을 차릴 때 샐러드나 냉채는 꼭 상에
올리기 때문에 미니 소스 피처를 많이 사용해요.
샐러드 드레싱을 담기도 하지만 소스에
버무린 냉채도 손님의 기호에 따라 소스를
더 필요로 할 때가 있기 때문이죠.
미니 소스 피처 역시 그날의 그릇에 맞게
준비합니다.

어릴 적 엄마가 사용하던 그릇을 몇 개
가지고 있는데, 그 옛날 그릇을 보면 의외로
소박하고 예쁜 것 같아 가끔 사용해요.
버리지 말고 더 가지고 있었으면 좋았겠다는
생각을 합니다. 유명 작가의 그릇도 좋지만
가끔은 이런 소박한 그릇이 테이블을
정겹게 하기도 하죠.

맛있게 식사를 마친 뒤 과일 한 쪽, 케이크 한 조각은 그 자리에 감동을 더합니다.
정말 자신 있는 케이크 레시피 한두 가지만 알고 있어도 좋지요. 티스푼, 포크, 서버 등
디저트를 낼 때 함께하는 소품 하나까지 신경 써서 마무리합니다. 별 것 아닌 것 같아도
소품 하나 잘 골라 올리면 손님을 대접하는 마지막 자리까지 빛낼 수 있을 겁니다.

1. 여름에는 초대 상에 물을 넉넉히 준비하는 게 좋죠. 유리 피처에 물을 담고 레몬과 과일을 보기 좋게
썰어 넣으면 은은한 향이 배고 한결 시원해 보입니다.

2. 맛과 모양 그리고 무엇보다 건강에 좋은 블루베리, 라즈베리 등 베리류가 한창인 계절에는
여러 요리에 베리를 많이 활용합니다. 요리의 스타일을 살릴 수 있는 방법이죠.

3. 작은 센터피스라도 테이블에 하나 올리면 식사 자리가 한결 부드러워집니다.
솜씨 부리지 않아도 되니 꽃 몇 송이 예쁜 컵에 담아 테이블에 올려 보세요.

4. 꽃 시장에 가면 아주 저렴하게 파는 꽃들이 있어요. 손님 초대하는 날 그런 꽃 한 상자 구입해서
식사하고 돌아가는 손님들께 선물합니다. 기분 좋은 선물이 될 거예요.

5. 과일이 한창 물이 올라 먹음직스러운 가을에는 큼직한 볼이나 바구니에 여러 종류의 과일을
소담스럽게 담아두는 것만으로도 멋진 테이블 세팅이 됩니다.

6. 큰 접시에 과일을 깎아 올리고 나눠 먹을 수 있게 하는 것보다 개인 접시에 과일을 조금씩 담아
한 사람 앞에 한 접시씩 나눠 주는 정성이 더 따뜻할 겁니다.

가끔 디저트를 만들다가 실패해서 모양이 생각만큼 예쁘게 나오지 않을 때가 있죠.
그럴 때는 디저트를 담는 그릇에 신경 써 보세요. 모양은 볼품 없어도 그릇과 조화가
잘 맞으면 근사해 보이기도 합니다. 초대 자리에는 이런 꼼수도 괜찮습니다.

아몬드 슬라이스와 슬라이스 마늘 튀김은 음식에 적절하게
활용하면 풍미를 살릴 수 있어요. 닭고기 튀김이나 샐러드에
아몬드 슬라이스를 뿌리면 그냥 먹는 것보다 한결 맛이
풍부해져요. 얇게 썬 마늘 튀김은 샐러드, 스테이크, 카르파치오 등
여러 요리와 맛의 조화가 좋습니다.

케이크를 구울 때는 큼직한 사각 틀에 구워 먹음직스럽게 듬성듬성 잘라서
바구니나 접시에 담아둡니다. 원하는 사람이 하나 둘씩 집어 먹기 편하게 배려하는 거죠.
달달한 케이크를 그다지 좋아하지 않는 분들을 위한 배려이기도 합니다.

토스트에 토핑을 적절히 하면 평범하던 토스트도
레스토랑에서 먹는 것처럼 변화시킬 수 있습니다.
잘 구운 토스트 위에 설탕 뿌려 구운 바나나와 베리를 올리고
메이플 시럽과 슈거파우더만 뿌려도 근사해집니다.
프렌치토스트에 과일 토핑도 잘 어울리는 조합입니다.

01

가족, 친구와 함께하는
따뜻한 밥상

손님맞이가 일이 되면 스트레스를 받는 법이지요. 우리 가족 먹는 밥상에 수저 하나 더 올린다고 생각해야 마음이 편해집니다. 머리 싸매고 음식 걱정도 할 필요 없습니다. 여기에 소개하는 메뉴만 따르면 상 차리는 일이 쉬워지니까요. 부모님 생신, 어버이날, 결혼기념일, 남편 생일 등 오랜만에 가족이 한 자리에 모이는 날도, 남편 친구, 내 친구, 어려운 지인을 맞이하는 자리도 이제 종종걸음 하지 않고 느긋한 마음으로 맛깔스러운 상을 차려낼 수 있습니다. 때로는 소박하게, 때로는 호텔 레스토랑 부럽지 않게 한 상 차려 서로 얼굴 마주하고 앉아 도란도란 이야기 나누는 자리를 한껏 즐겨보세요.

§

MENU COMPOSITION

가족 혹은 지인과 식사하는 자리에
훈훈한 감동을 만들어 줄 우정욱만의 노하우를 담았다.
손님맞이가 즐거운 메뉴 짜기.

어버이날

부모님 생신

남편 생일

결혼기념일

가족 주말 브런치

가벼운 점심 식탁

저녁 모임 테이블

친구 점심 초대

친목 도모 모임

한여름 보양 식탁

외국 손님 초대

• 어버이날

입맛 돋우는 상큼한 키조개 샐러드와 두세 점으로도 든든한 쇠고기 수육, 밥을 꼭 챙겨
드시는 어른들을 위해 해물 깡장과 더덕 구이를 준비했다.

Parents' Day

망고 드레싱 키조개 샐러드 / p.28

쇠고기 수육과 배추 무침 / p.30

해물 깡장 / p.32
라임 시럽 과일 칵테일 / p.36

더덕 구이 / p.34

• 부모님 생신

시원하고 고급스러운 맛의 성게 미역국, 흑임자와 더덕을 베이스로 한 소스에 버무린 닭
고기 샐러드를 만들었다. 메인 요리는 해산물로 준비.

Parents' Birthday

성게 미역국 / p.40

더덕 흑임자 드레싱
닭고기 샐러드 / p.42

전복 새우 아스파라거스 볶음
/ p.44

티라미수 / p.46

• 남편 생일

부드러운 클램 차우더와 여러 재료를 넣어 든든한 연어 샐러드, 한 번에 구워 나눠 먹을
수 있는 일본식 스테이크를 준비했다. 와인과 곁들이기 좋은 코스 요리.

Husband's Birthday

클램 차우더 / p.50

니수아즈 연어 샐러드 / p.52

일본식 스테이크 / p.54

홍시 아이스크림 / p.56

• 결혼기념일

코스 요리의 기본인 수프와 샐러드, 스테이크. 이렇게 세 가지 요리로 간단하고 폼 나는 메뉴를 준비했다. 수프는 미리 끓어두고 샐러드도 미리 손질해두면 편하다.

Wedding Anniversary

아스파라거스 수프 / p.60

바질 페스토
시트러스 카프레제 / p.62

복분자소스 스테이크 / p.64

• 가족
주말 브런치

프렌치토스트와 단백질이 풍부한 치킨 샐러드, 견과류를 더한 요구르트, 채소와 과일을 착즙한 주스까지 심플하게 준비한 브런치. 가족을 위한 아침 건강 식탁.

Weekend Brunch

그래놀라 요구르트 / p.70

커리 치킨 샐러드 / p.72

프렌치토스트 / p.74

에너지 주스 / p.76

• 가벼운
점심 식탁

속 든든히 채우는 해물 크로켓과 튀김의 느끼함을 없앨 수 있는 깔끔하고 시원한 비빔면을 함께 구성했다. 달고 부드러운 단호박 푸딩으로 마무리한다.

Lunch

해물 크로켓 / p.80

닭고기 메밀 비빔면 / p.82

단호박 푸딩 / p.84

저녁 모임 테이블

해물, 고기, 채소를 골고루 섭취할 수 있게 메뉴를 구성했다. 냉채와 보쌈, 찜 등 다양한 조리법으로 준비하고 가볍게 곁들일 수 있는 밥도 간단히 마련했다.

Dinner

해물 영양 냉채 / p.88   돼지고기 묵은지 보쌈 / p.90   사천식 가지 찜 / p.92   마늘 볶음밥 / p.94

친구 점심 초대

누구나 좋아하는 떡볶이에 고기와 해물을 더하고 매운 떡볶이와 잘 어울리는 어묵탕에 우엉을 듬뿍 넣어 평범한 분식을 고급스러운 메뉴로 만들었다.

Lunch with Friends

굴 튀김 버섯 볶음 / p.98   낙지 불고기 떡볶이 / p.100   우엉 해물 어묵탕 / p.102   미소 채소 무침 / p.104

친목 도모 모임

들고 먹기 편한 샌드위치와 속도 채우고 음료 역할도 할 수 있게 후루룩 마시기 편한 차가운 수프를 낸다. 구운 버섯 채소 샐러드로 다양한 맛까지 경험할 수 있게 구성.

Gathering of Friends

구운 버섯 채소 샐러드 / p.108   참치 샌드위치 / p.110   단호박 냉수프 / p.112

한여름 보양 식탁

민어 매운탕과 수삼 샐러드는 지친 여름 기운을 돋우는 보양 메뉴다. 술 한 잔 곁들이기 좋은 해물 김치전. 그리고 여름 더위 날리는 오미자 에이드로 든든한 식탁.

Healthy Food

수삼 마 귤 샐러드 / p.116

민어 매운탕 / p.118

해물 김치 감자전 / p.120

오미자 에이드 / p.122

외국 손님 초대

가장 한국적이고 외국인들에게 부담스럽지 않은 메뉴로 구성. 갈비 구이와 담백하게 지진 생선전, 샐러드 대신 입맛을 정리해 줄 냉채, 호떡을 디저트로 준비한다.

Foreign Guest

전복 미역 죽 / p.126

생선전 / p.128

들깨 겨자소스
쇠고기 묵은지 냉채 / p.130

불갈비 / p.132

아이스크림을 얹은 호떡 / p.134

❝아무리 지치고 기운 없는 날에도
맛있는 반찬에 밥 한 공기
뚝딱 비우고 나면
기운 차리는 건 시간 문제죠.
내가 차린 음식이
누군가의 행복이 된다면
그것만큼 기분 좋은 일이 있을까요…
여러 종류의 음식을 하지 않아도 좋습니다.
입맛 사로잡는 인상적인 메뉴
두세 가지면 충분해요.❞

한식과 서양식을 조화롭게 차린

어버이날

내가 잘할 수 있는 요리보다는 부모님 입맛에 맞는, 속 편안하고 부드러운
음식으로 준비하는 게 좋습니다. 그리고 윤기 흐르게 밥을 잘 짓는 것도 어
른을 모시는 상에 중요한 포인트죠. 처음 시아버지의 식사를 준비하는 날
밥을 잘 못 지어 가슴 쓸어 내린 기억이 있거든요.

The Menu of Parents' Day

망고 드레싱 키조개 샐러드
쇠고기 수육과 배추 무침
해물 깡장
더덕 구이
라임 시럽 과일 칵테일

망고 드레싱 키조개 샐러드

한 상 푸짐하게 음식을 차려 내는 것도 좋지만 전채를 먼저 내면 입맛을 돋우고 과식하지 않게 되죠.
상큼한 망고 드레싱에 키조개 관자와 채소를 버무린 샐러드는 입맛을 돋우기 좋아요. 키조개 껍데기를
그릇 대용으로 활용하면 식탁이 한결 멋스러워진답니다.

• Ingredients •

키조개 2개
새송이버섯 2개
버터 1작은술
양파 ½개
발사믹식초 1큰술
설탕 1작은술
소금 1작은술
후춧가루 1작은술
껍질콩 4줄
래디시 3개
루콜라 2뿌리
어린잎 채소 약간
발사믹 글레이즈 적당량
식용유 적당량

파인애플 망고 드레싱

통조림 파인애플 1쪽
망고 ½개
올리브유 1½큰술
통조림 파인애플 국물 1큰술
발사믹식초 1큰술
다진 파슬리 1큰술
씨겨자 1작은술
꿀 1작은술
레몬즙 1작은술
소금 약간
후춧가루 약간

• Recipe •

1. 키조개는 관자와 살, 껍데기를 분리한 뒤 내장은 떼어 버리고 관자와
   살은 옅은 소금물에 헹군다. 껍데기는 잘 닦아 따로 둔다.
2. 관자는 옆에 붙어있는 얇은 막을 제거하고 둥근 모양대로 아주 얇게
   썬 다음 토치로 살짝 굽는다.
3. 새송이버섯은 세로로 반 자르고 다시 길이를 반 잘라 얇게 슬라이스하고
   달군 팬에 버터를 둘러 볶아낸다.
4. 양파는 채 썰어 기름을 두른 달군 팬에 넣고 발사믹식초, 설탕, 소금,
   후춧가루를 넣어 볶아낸다.
5. 껍질콩은 반 갈라 3등분 한 뒤 데치고 기름을 두른 달군 팬에 볶아낸다.
6. 래디시는 얇게 슬라이스하고, 루콜라는 2㎝ 길이로 썬다.
7. 파인애플 망고 드레싱 재료 중 통조림 파인애플은 듬성듬성 썰고,
   망고는 껍질과 씨를 제거해서 듬성듬성 썬다.
8. 믹서에 파인애플과 망고를 넣고 한번 간 다음 나머지 분량의 드레싱
   재료를 모두 넣고 곱게 갈아 파인애플 망고 드레싱을 완성한다.
9. 준비한 ③~⑥의 재료를 한데 넣고 드레싱을 섞어 ①의 관자 껍데기에 담고
   관자를 올린 뒤 어린잎 채소를 곁들인다. 마지막에 발사믹 글레이즈를
   둘러가며 뿌린다.

• 키조개에서 관자를 빼고 남은 살은 냉동해 두었다가 된장찌개를 끓일 때
  활용하면 좋다.
• 관자는 팬에 굽는 것보다 토치로 구우면 한결 부드럽다.
• 키조개 대신 가리비 살을 구워 곁들여도 잘 어울린다.

토치로 음식의 맛과 모양을 살리세요
요리할 때 토치를 사용하면 편리함과 동시에 맛을 업
그레이드 시킬 수 있어요. 얇게 썬 재료를 구울 때는
팬보다 토치가 편리하죠. 게다가 고기나 관자 등의 해
산물을 구울 때 재료의 모양을 보존할 수 있고 불맛
까지 더해져 요리의 풍미를 살릴 수 있습니다. 토마
토나 파프리카 껍질을 벗길 때 활용해도 편리합니다.

쇠고기 수육과 배추 무침

저희 시아버지는 입맛이 좀 까다로운 편이세요. 비린내 나는 생선이나 기름기 많은 고기는
그다지 좋아하지 않으시죠. 그래서 저는 수육을 만들 때 담백하고 부드러운 고기를 준비하는데 업진살이
최고예요. 입에 감기는 맛이 참 좋죠. 새우젓 말고 초간장과 곁들이면 더 맛있습니다.

• Ingredients •

쇠고기(양지머리) 300g
쇠고기(업진살) 300g
생수 1ℓ
알배추 잎 3장
영양부추 20줄기
양파 ⅓개
배 ⅓개
맛간장(p.8) 3큰술
식초 1큰술

향채

양파 ¼개
대파 1대
마늘 2쪽

배추 무침 양념

식초 2큰술
고춧가루 1큰술
설탕 ½큰술
들기름 ½큰술
통깨 ½큰술
간장 1작은술
참치액 1작은술

• Recipe •

1. 쇠고기는 양지머리와 업진살 모두 찬물에 30분 정도 담가 핏물을 뺀다.
2. 향채 재료 중 양파는 반 자르고 대파는 듬성듬성 썬다.
3. 냄비에 분량의 생수와 향채를 넣어 끓인다.
4. ③의 물이 팔팔 끓을 때 쇠고기를 넣고 한소끔 끓어오르면 불을 약하게
   줄여 50분 정도 푹 삶는다.
5. 알배추 잎은 4㎝ 길이로 가늘게 채 썰고, 영양부추는 4㎝ 길이로 썬다.
6. 양파는 슬라이스하고, 배는 4㎝ 길이로 가늘게 채 썬다.
7. 쇠고기가 익으면 불을 끄고 뚜껑을 닫은 채로 20분간 뜸을 들인 뒤
   꺼내서 키친타월로 물기를 제거한다.
8. 쇠고기 위에 무거운 것을 올려 10분 정도 그대로 두어 식히고 0.5㎝
   두께로 썬다.
9. 볼에 분량의 배추 무침 양념을 섞고 손질한 알배추와 부추, 양파,
   배를 넣어 가볍게 버무린다.
10. 맛간장과 식초를 섞어 초간장을 만든다.
11. 수육과 배추 무침, 초간장을 곁들여 낸다.

• 수육을 다 삶은 뒤 불을 끄고 뚜껑을 닫은 채로 냄비에서 그대로 20분 정도
  고기를 식혀야 부드럽다. 그 다음 수육에 돌을 올려 식히면 고기에 탄력이
  생기고 모양이 잡혀 썰었을 때 가지런하다.

해물 깡장

어른들은 된장찌개를 참 좋아하시죠. 밥에 한 숟가락 얹어 쓱쓱 비벼 먹는 깡장도 마찬가지고요.
깡장은 지극히 토속적인 음식인데 저는 전복과 새우, 관자 등 고급 해물을 넉넉히 넣고 채소도 풍성히
넣어 한층 고급스러운 음식으로 만듭니다. 어른들 상에 올리기 그만이죠.

• Ingredients •

전복 2개
새우(중하) 3~4마리
관자 1개
애호박 ⅓개
두부 ½모
풋고추 5개
청양고추 2개
마늘 2쪽
참기름 ½큰술
멸치 국물(p.9) 3컵

양념장

된장 4큰술
참기름 1큰술
고추장 ½큰술
고춧가루 1작은술

• Recipe •

1. 전복은 조리용 솔로 구석구석 문질러 닦고 살과 껍데기 사이에 숟가락을 넣어 살을 분리한 뒤 내장을 떼어낸다. 입부분에 가윗집을 넣고 손으로 이빨을 제거한 뒤 물에 헹구고 사방 1cm 크기로 썬다.
2. 새우는 머리와 꼬리, 껍질을 제거하고 꼬치로 등쪽의 내장을 뺀 뒤 1cm 폭으로 썬다.
3. 관자는 표면의 얇은 막을 제거하고 사방 1cm 크기로 썬다.
4. 애호박과 두부는 각각 1cm 크기로 깍둑 썬다.
5. 풋고추와 청양고추는 송송 썰고, 마늘은 편으로 썬다.
6. 양념장 재료는 한데 잘 섞는다.
7. 팬에 참기름을 두르고 마늘을 볶다가 전복, 새우, 관자를 함께 넣어 볶는다.
8. 새우가 핑크색이 되면 멸치 국물을 붓고 양념장을 풀어 15분간 끓인 뒤 애호박과 두부, 고추를 넣어 5분 정도 더 끓인다.

더덕 구이

더덕 구이는 양념 후 팬이나 석쇠에 구워야 하는 조금 귀찮고 어려운 요리입니다. 참기름과 다진 마늘,
양파즙을 섞어 밑간한 다음 초벌로 한 번 굽고 고추장 양념을 바르면 풍미가 더 좋아지죠.
초벌구이를 하면 오래 굽지 않아도 되므로 아삭한 식감을 살릴 수 있고 양념이 타지 않습니다.

• Ingredients •

더덕 300g
들기름 1큰술

참기름장

참기름 2큰술
다진 마늘 1큰술
양파즙 1큰술

양념장

고추장 3큰술
고춧가루 1큰술
올리고당 1큰술
매실청 1큰술
설탕 1큰술
간장 ½큰술
다진 파 1작은술

• Recipe •

1. 더덕은 껍질을 벗겨 깨끗이 씻고 반 자른 다음 밀대로 밀면서 편다.
2. 분량의 재료를 섞어 참기름장과 양념장을 각각 만든다.
3. 더덕에 앞뒤로 참기름장을 골고루 발라 1시간 정도 잰 다음 양념장을
   듬뿍 얹어 골고루 발라 잰다.
4. 달군 팬에 들기름을 두르고 중불에서 더덕을 올려 앞뒤로 뒤집어가며
   아삭하게 굽고 토치로 다시 한 번 표면을 굽는다.

• 더덕은 두드려 펴면 부서질 수 있으니 밀대로 자근자근 밀어가며 펴야
  부서지지 않고 식감도 좋다.
• 마지막에 토치로 겉면을 살짝 구우면 불맛이 나서 풍미가 깊어진다.
• 더덕 구이는 만들어 냉장고에 두고 밑반찬으로 먹어도 좋다.

라임 시럽 과일 칵테일

제게 요리를 배운 제자가 관저 요리사로 일하면서 배운 것을 귀띔해 준 고급 디저트예요. 라임즙과
계피 시럽으로 만든 상큼한 소스에 잘게 썬 열대 과일을 재어두었다가 내놓으면 깡장과 더덕 구이로
텁텁해진 입맛을 깔끔하게 정리할 수 있어요. 얼음 몇 조각 띄워 시원하게 먹어도 좋습니다.

• Ingredients •

키위 2개
망고 1개
바나나 2개
청포도 1컵
딸기 12개
블루베리 2컵
얼음 적당량
애플민트 잎 6~8장

계피 라임 시럽

물 3컵
계피 5cm
설탕 1⅔컵
라임 3개
레몬즙 2큰술

• Recipe •

1. 계피 라임 시럽 재료 중 물을 냄비에 붓고 계피와 설탕을 넣어 10분 정도
   끓인 뒤 계피를 빼서 식힌다.
2. 라임은 1개만 제스트를 만든다.
3. ②의 껍질 벗긴 라임과 나머지 라임 모두 반 잘라 스퀴저로 즙을 짠다.
4. ①에 라임즙, 라임 제스트, 레몬즙을 넣어 계피 라임 시럽을 만든 뒤
   냉장고에 넣어 차게 둔다.
5. 키위는 껍질을 벗겨 사방 1cm로 깍둑 썰고, 망고는 껍질과 씨를 제거해
   키위와 비슷한 크기로 썬다.
6. 바나나는 반 갈라 1cm 폭으로 썰고, 청포도는 열십자(+)로 썬다.
   딸기도 열십자(+)로 썰어 반 자른다.
7. 준비한 과일을 그릇에 담고 계피 라임 시럽을 부어 냉장고에서
   30분 정도 잰다.
8. ⑦에 얼음을 섞어 컵에 담고 애플민트 잎을 올려 장식한다.

과일 칵테일은 유리 볼에 담아내세요

라임 시럽 과일 칵테일은 두고 먹어도 좋으
니 넉넉히 만들어 보세요. 그리고 여러 과
일의 컬러를 한눈에 볼 수 있게 유리 볼에
담아 내야 예뻐요. 먹기 좋게 1인분씩 작은
유리볼에 담고 남은 것은 큰 볼에 담아 함
께 냅니다. 자리에 모인 누구나 편히 떠 먹
을 수 있어 좋고, 대접하는 사람은 수고를
덜 수 있습니다.

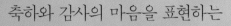

축하와 감사의 마음을 표현하는

부모님 생신

시댁 식구들이 워낙 입담이 좋아서 시아버지 생신날이면 식구들이 모두 모인 식사 자리에 일 년치 웃음이 쏟아집니다. 이런 모습에 시아버지께선 참 흐뭇해하시죠. 가장 큰 선물이 아닐까 생각합니다. 저는 이 즐거운 자리에서 식구들이 한 상 맛있게 먹고 돌아갈 수 있도록 솜씨를 부려봅니다.

The Menu of Parents' Birthday

성게 미역국
더덕 흑임자 드레싱 닭고기 샐러드
전복 새우 아스파라거스 볶음
티라미수

성게 미역국

흔히 먹는 쇠고기 미역국이 식상할 때, 혹은 좀 특별한 맛을 내고 싶을 때 성게 미역국을 끓여보세요.
성게 알은 시원하고 향긋한 맛이 좋아 깔끔한 국물 맛을 낼 수 있답니다. 또한 특별한 품위까지
살릴 수 있으니 어른들 생신상뿐 아니라 식사 대접을 해야 하는 날에 잘 어울리지요.

• Ingredients •

마른 미역 20g
모시조개(또는 바지락) 200g
물 4컵
참기름 2큰술
국간장 1큰술
성게 알 50g
다진 마늘 ⅓작은술
소금 약간
후춧가루 약간

• Recipe •

1. 마른 미역은 찬물에 충분히 불린 뒤 바락바락 주물러 씻고
   물에 헹군 다음 4㎝ 길이로 자른다.
2. 모시조개는 옅은 소금물에 담가 해감을 뺀 뒤 물에 헹구고 분량의 물을
   부어 조개 입이 벌어지고 뽀얗게 국물이 우러날 때까지 끓인다.
3. ②의 조개는 살을 발라내고 국물은 고운 체에 한 번 거른다.
4. 냄비에 참기름을 두르고 미역을 볶다가 조개 국물과 조갯살, 국간장을
   넣어 15분 정도 끓인 다음 성게 알과 다진 마늘을 넣어 끓인다.
5. 마지막에 소금과 후춧가루로 간을 맞춘 뒤 3분 정도 더 끓여 완성한다.

• 조개 국물은 체에 거르지 않으면 모래가 씹힐 수 있으므로 고운 체에 한 번
  거르는 게 좋다.

성게 알은 물에 헹구지 않습니다
바다 향과 특유의 독특한 향을 지닌 성게 알은 노란
색이 짙고 풀어지지 않은 것이 싱싱합니다. 평소에는
마트에서 통에 담긴 것을 구입하면 되는데, 성게에
물이 올라 한창 맛이 좋은 계절인 6월부터 8월 사이
에는 신선한 성게를 구입하는 게 한결 좋죠. 성게 알
은 물에 씻으면 고유의 맛과 향이 빠지므로 물에 헹
구지 말고 그대로 사용하세요.

더덕 흑임자 드레싱 닭고기 샐러드

어른들 입맛에 맞는 샐러드를 고민하다 예전 한정식 집에서 맛본 드레싱이 문득 생각 났습니다.
더덕과 흑임자, 플레인 요구르트를 함께 갈아 향긋하고 고소하며 부드러운 드레싱을 만들면
좋겠다 싶었어요. 닭고기와 채소를 넣어 버무렸기 때문에 다이어트하는 사람들의 일품 메뉴로도 좋아요.

• Ingredients •

닭 가슴살(큰 것) 2쪽
오이 1개
아스파라거스 3~4대
미니 새송이버섯 6개
사과 ½개
파프리카 ½개
연근 ½개
소금 적당량
식용유 적당량

닭 가슴살 밑간

올리브유 2큰술
소금 ½작은술
후춧가루 약간
마른 타임 약간

식촛물

물 2컵
식초 1작은술

더덕 흑임자 드레싱

더덕 120g
흑임자 2큰술
포도씨유 6큰술
식초 3큰술
플레인 요구르트 2큰술
레몬즙 2큰술
꿀 2큰술
생수 1큰술

• Recipe •

1. 닭 가슴살은 분량의 밑간 재료에 30분 정도 쟀다가 달군 팬에 노릇하게 굽고 한 김 식힌 뒤 먹기 좋게 손으로 쪽쪽 찢는다.
2. 오이는 반 갈라 가운데 씨를 긁어내고 반달 모양으로 얇게 썬 뒤 소금에 절이고 물에 가볍게 헹군 다음 면포에 싸서 물기를 꼭 짠다.
3. 아스파라거스는 길게 반 자르고 다시 길이를 반 자른 다음 기름을 두른 달군 팬에서 소금으로 살짝 간을 하며 볶아낸다.
4. 미니 새송이버섯은 세로 3등분으로 납작하게 썰고 기름을 두른 달군 팬에서 소금 간을 살짝 해 볶아낸다.
5. 사과는 깨끗이 씻어 껍질째 4㎝ 길이로 채 썰고, 파프리카도 사과와 비슷한 크기로 채 썬다.
6. 연근은 둥근 모양으로 아주 얇게 썰어 옅은 식촛물에 잠시 담갔다가 물기를 제거한 뒤 뜨거운 기름에 노릇할 정도로 튀겨낸다.
7. 더덕 흑임자 드레싱 재료 중 더덕은 껍질을 벗기고 듬성듬성 썰어 믹서에 흑임자와 함께 곱게 간 뒤 나머지 드레싱 재료를 넣고 다시 한 번 간다.
8. 준비한 ①~⑤의 재료를 볼에 담고 더덕 흑임자 드레싱을 뿌려 버무린 뒤 접시에 담고 튀긴 연근을 올린다.

• 봄에는 아스파라거스 대신 두릅을 살짝 데쳐 넣으면 한결 향긋하다.

전복 새우 아스파라거스 볶음

전복과 새우, 아스파라거스에 버터와 생강으로 향을 낸 폼 나는 일품 요리예요. 식구들이 좋아하는
메뉴이기도 하고, 전복과 새우의 영양까지 챙길 수 있어 가족이 모이는 자리에 오르는 단골 메뉴랍니다.
만들기 쉬우면서 맛 또한 고급스러우니 요리를 잘하지 못하더라도 손님 대접할 때 한 번 만들어 보세요.

• Ingredients •

전복(작은 것) 6마리
화이트 와인 1큰술
새우(중하) 8마리
아스파라거스 6개
마늘 4쪽
생강 1쪽
마른 고추(매운 것) 2개
버터 1큰술
참기름 1큰술
후춧가루 약간

양념장

굴소스 1큰술
간장 1큰술
맛술 1큰술
청주 1큰술
설탕 1작은술
마른 고추(매운 것) 2개

• Recipe •

1. 전복은 조리용 솔로 구석구석 문질러 닦고 물에 헹군 뒤 냄비에
   화이트 와인과 함께 넣어 1분간 찐다.
2. ①의 전복은 껍데기를 제거하고 이빨과 내장을 손으로 뗀 뒤 촘촘하게
   칼집을 넣고 큼직하게 2등분한다.
3. 새우는 머리와 꼬리, 껍질을 제거한 뒤 꼬치로 등쪽의 내장을 뺀다.
4. 아스파라거스는 4㎝ 길이로 어슷 썰고, 마늘과 생강은 편으로 썬다.
   마른 고추는 3~4등분해서 씨를 턴다.
5. 분량의 양념장 재료는 한데 섞는다.
6. 팬에 버터와 참기름을 함께 두르고 마늘, 생강, 마른 고추를 넣어
   향을 낸 다음 전복과 새우를 넣어 볶는다.
7. 새우가 익어 핑크색이 되면 아스파라거스와 양념장을 넣어 간을 맞추고
   후춧가루를 뿌려 마무리한다.

• 떼어낸 전복 내장은 버터에 구워 먹거나 냉동해 두었다가 죽 끓일 때 활용한다.
• 전복은 화이트 와인을 넣어 살짝 찌면 잡내가 없어지고 껍데기도 쉽게
  제거할 수 있다.

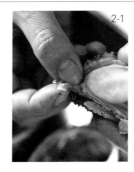

티라미수

디저트는 식사를 잘 마무리하는 중요한 요소예요. 부드러운 티라미수는 누구나 좋아하고
오븐이 필요 없어 홈메이드로 만들기 쉬운 디저트지요. 핑거쿠키나 카스텔라에
마스카포네 치즈를 얹고 저는 깔루아와 에스프레소로 맛을 냅니다.

• Ingredients •

카스텔라 1개
(또는 사보이 핑거 쿠키 14개)
코코아 가루 적당량
냉동 라즈베리 ½컵
슈거파우더 약간

치즈 믹스

마스카포네 치즈 250g
생크림 250g
설탕 75g
바닐라 에센스 1작은술

커피 물

아메리카노 ¾컵
에스프레소 1큰술
깔루아 2큰술

• Recipe •

1. 마스카포네 치즈는 실온에 둬 부드럽게 한다.
2. 생크림에 설탕을 넣어가며 적당히 탄력이 생길 때까지 거품기로
   힘있게 친다.
3. ②에 마스카포네 치즈와 바닐라 에센스를 넣고 잘 섞어 치즈 믹스를
   만든다.
4. 분량의 커피 물 재료를 모두 섞어 커피 물을 완성한다.
5. 카스텔라를 1㎝ 두께로 썰어 ④의 커피 물에 충분히 적시고 준비한
   그릇 바닥에 깐다.
6. 카스텔라 위에 ③의 치즈 믹스를 골고루 펴 바르고 다시 카스텔라를
   커피 물에 적셔 올린 뒤 남은 커피 물을 붓는다.
7. 카스텔라 위에 남은 치즈 믹스를 펴 바르고 그 위에 코코아 가루를
   고운 체에 내려 도톰하게 얹는다.
8. ⑦을 냉장고에 넣고 6시간 이상 뒤 티라미수를 완성한다. 내기 전에
   냉동 라즈베리를 올리고 슈거파우더를 뿌려 장식한다.

어른을 모시는 자리는 도자기 컵을 사용하세요

한식을 선호하는 어른들 상을 차릴 때는 음식의 분위기에 맞게
한식기를 사용합니다. 이때 물컵은 가벼운 분위기거나 차가운 느낌의
유리보다 도자기 컵을 사용하는 게 좋아요. 분위기를 한결 따뜻하게
만들 수 있고 정중하게 대접한다는 느낌도 전달할 수 있거든요.
또한 찬물은 더 시원하게, 따뜻한 물은 온도를 유지할 수 있어
식사를 돕고 은근하게 정성을 더할 수도 있죠. 그릇과 세트로
맞추지 않아도 편하게 사용할 수 있는 도자기 컵이면 됩니다.

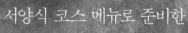

서양식 코스 메뉴로 준비한

남편 생일

남편은 친구나 선후배 등 지인들을 집으로 초대해 한 상 차려 대접하는 걸
좋아합니다. 핑계를 만들어서 지인들을 초대하는데, 그러다 보니 생일날은
아주 좋은 핑곗거리죠. 수프부터 샐러드, 스테이크, 후식까지 평소와 다른
분위기의 음식으로 와인과 어울리는 서양식 코스 메뉴를 짜봤습니다.

The Menu of Husband's Birthday

클램 차우더
니수아즈 연어 샐러드
일본식 스테이크
홍시 아이스크림

클램 차우더

볼티모어 이너하버로 여행 갔을 때 맛본 조개 수프의 맛을 추억하며 모시조개와 바지락을 듬뿍 넣고
감자와 양파, 셀러리, 베이컨을 더해 부드러운 클램 차우더를 만들어 보았습니다. 코스 요리를 낼 때
품위를 살리는 메뉴로 손색없을 뿐 아니라 빵과 함께 곁들이면 아침 대용으로도 좋아요.

• Ingredients •

물 4컵
모시조개 200g
바지락 200g
치킨 스톡 ½개
감자 2개
양파 ½개
셀러리 2대
베이컨 2줄
버터 2큰술
화이트 와인 1큰술
밀가루 3큰술
우유 2컵
생크림 1컵
소금 ¼작은술
후춧가루 약간
핫소스 ¼작은술
우스터소스 ⅓작은술

• Recipe •

1. 냄비에 분량의 물을 붓고, 모시조개와 바지락, 치킨 스톡을 넣어
   조개 입이 벌어질 때까지 끓인 뒤 조개는 살을 발라내고 국물은
   고운 체에 한 번 거른다.
2. 감자는 사방 0.5㎝ 크기로 깍둑 썰고, 양파와 셀러리는 다진다.
3. 베이컨은 0.5㎝ 폭으로 썬 뒤 ½줄 분량만 바삭하게 볶아 따로 둔다.
4. 냄비에 버터 1큰술을 두르고 나머지 베이컨을 볶다가 양파를 넣고
   양파가 갈색이 나면 셀러리와 감자를 넣고 화이트 와인을 부어
   2~3분 정도 볶는다.
5. 불을 줄이고 밀가루를 넣어 뭉치지 않게 잘 섞어가며 가루가 보이지
   않을 때까지 볶는다.
6. 불을 다시 올리고 ①의 조개 국물 2컵과 조갯살을 넣어 끓인다.
7. ⑥에 우유와 생크림을 넣고 한소끔 끓인 뒤 소금, 후춧가루, 버터 1큰술,
   핫소스, 우스터소스를 넣어 간을 한다.
9. 클램 차우더를 그릇에 담고 따로 볶아 둔 베이컨을 올린다.

니수아즈 연어 샐러드

니수아즈는 프랑스 남부 니스지방에서 즐겨 먹는 샐러드예요. 참치와 안초비, 달걀, 올리브 등을
풍성하게 넣은 지중해 음식이죠. 저는 참치 대신 연어를 넣고 리코타 치즈를 더해 좀 더 고급스러운 맛으로
완성했습니다. 손님 초대상에 손색없고 와인과 잘 어울려 와인 안주로도 좋죠.

• Ingredients •

훈제 연어 100g
달걀 2개
토마토 2개
아보카도 1개
그린 올리브 3개
블랙 올리브 3개
안초비 5개
샐러드 채소 200g
어린잎 채소 약간
리코타 치즈* 100g

드레싱

올리브유 5큰술
레몬즙 2큰술
설탕 2큰술
화이트 와인 식초 1½큰술
씨겨자 1큰술
소금 약간
후춧가루 약간

• Recipe •

1. 훈제 연어는 2등분한다.
2. 달걀은 완숙으로 삶아 웨지로 6등분한다.
3. 토마토는 잘 익은 것으로 준비해 꼭지를 떼고 웨지로 8등분한다.
4. 아보카도는 반 갈라 가운데 씨를 빼고 껍질을 벗긴 뒤 사방 1㎝ 크기로
   깍둑 썬다.
5. 그린 올리브는 씨를 제거해 채 썰고, 블랙 올리브는 둥글게 슬라이스한다.
6. 안초비는 손으로 가늘게 쪽쪽 찢는다.
7. 샐러드 채소와 어린잎 채소는 각각 얼음물에 헹군 뒤 물기를 말끔히
   털어낸다.
8. 분량의 드레싱 재료는 한데 잘 섞는다.
9. 큼직한 접시에 준비한 재료를 둘러 담고 리코타 치즈를 숟가락으로 떼어
   얹은 뒤 드레싱을 따로 담아낸다. 먹기 직전에 드레싱을 뿌려 섞는다.

• 훈제 연어 대신 연어 통조림이나 참치 통조림을 사용해도 된다.

* 리코타 치즈 이렇게 만드세요

냄비에 우유 500㎖, 생크림 250㎖, 플레인 요구르트
200㎖, 레몬 1½개, 소금 2작은술을 모두 한꺼번에
넣으세요. 아주 약한 불에서 20분간 끓인 다음 잠깐
식혀 면포를 깐 체에 부으세요. 유청이 분리되면 물
을 쪽 따라버리고 면포에 남은 덩어리만 냉장고에 넣
어 5시간 이상 굳힙이다. 샐러드뿐 아니라 크래커와
함께 와인 안주로 즐기기도 좋아요.

일본식 스테이크

여러 사람이 함께 식사하는 자리에 스테이크를 1인분씩 구워내는 건 쉽지 않은 일입니다. 이럴 때 좋은 게 일본식 스테이크예요. 스테이크 고기를 양파즙에 재어두었다가 굽고 먹기 좋게 썬 뒤 큰 접시에 담아 내면 여러 명이 나눠 먹기 좋아요. 튀긴 마늘을 곁들여 먹으면 맛이 한결 좋답니다.

• Ingredients •

쇠고기(채끝 등심) 400g
양파(작은 것) 1개
실파 3줄기
소금 약간
후춧가루 약간
올리브유 1큰술
마늘 10쪽
버터 2큰술
레드 와인 ¼컵
튀김 기름 적당량
크레송 약간

스테이크 소스

간장 3큰술
설탕 2큰술
맛술 2큰술
연겨자 1큰술

• Recipe •

1. 쇠고기는 2㎝ 두께의 스테이크용으로 준비해서 밑에 키친타월을 깔고 9시간 이상 김치 냉장고에서 숙성시키는데, 키친타월에 핏물이 배면 2~3번 정도 간다.
2. 양파는 블랜더나 강판에 곱게 갈고, 실파는 송송 썬다.
3. 쇠고기에 소금과 후춧가루를 뿌리고 ②의 양파를 펴 바른 뒤 올리브유를 뿌려 3시간 정도 잰다.
4. 마늘은 아주 얇게 슬라이스해서 물에 담그고 1시간 마다 물을 갈아가며 3시간 정도 매운 맛을 뺀다.
5. ④의 마늘을 키친타월에 펴 올려 물기를 완전히 제거하고 튀김 기름에 노릇할 정도로 튀긴 뒤 기름기를 뺀다.
6. 팬에 버터를 녹이고 센불에 쇠고기를 올려 4분 정도 굽고 뒤집은 뒤 바로 레드 와인을 뿌려 5분 정도 구워낸다.
7. 쇠고기를 구운 팬에 스테이크 소스 재료를 모두 넣어 한소끔 끓인 뒤 불을 줄여 5분 정도 더 졸인 다음 고운 체에 내린다.
8. 구운 쇠고기를 2㎝ 폭으로 썰고 위에 소스를 뿌린 뒤 튀긴 마늘과 송송 썬 실파를 올린다. 크레송을 함께 곁들인다.

• 고기를 잴 때 양파를 갈아 넣으면 고기 냄새를 없애고 풍미를 좋게 한다.
• 마늘은 물에 담가 매운 맛을 빼야 튀겼을 때 고소한 맛을 살릴 수 있다. 얇게 썰어야 바삭하고 모양이 좋다.

4-1

4-2

5-1

5-2

홍시 아이스크림

홍시가 달고 맛있는 계절에 얼렸다가 바닐라 아이스 크림과 함께 블렌더에 갈면 시판 아이스크림보다
맛있는 색다른 맛의 홈메이드 홍시 아이스크림이 됩니다. 오래 돼서 시든 과일이나 흠집이 생긴 과일은
손질해 얼려두세요. 이렇게 활용하면 맛있는 과일 아이스크림을 맛볼 수 있어요.

• Ingredients •

바닐라 아이스크림 300g
냉동 홍시 1½ 개

• Recipe •

1. 냉동 홍시 1개는 약간 녹인 뒤 4등분하고 껍질과 씨를 제거한다.
2. 믹서에 아이스크림과 냉동 홍시를 넣고 가볍게 간다.
3. 볼에 홍시 아이스크림을 담고 위에 나머지 냉동 홍시 ½개를 잘라 올린다.

• 기호에 따라 견과류와 캐러멜 시럽을 얹어도 맛있다.

와인 종류에 따라 어울리는 와인 잔 준비하기

서양식 요리뿐만 아니라 한식 고기 요리를 먹을 때도
와인이 잘 어울립니다. 고기 요리와 함께 가볍게 술 한잔
즐기고 싶은 자리에 와인 한 병 준비하는 것도 좋죠.
와인은 와인 잔에 마셔야 고유의 맛을 제대로 즐길 수 있습니다.
그리고 화이트 와인, 레드 와인, 스파클링 와인 등
와인의 종류에 따라 그에 맞는 와인 잔이 따로 있어요.
고급 와인 잔은 아니어도 좋으니 분위기를 맞출 수 있는
와인 잔 몇 개 구비해 두세요.

고급 레스토랑 분위기를 집에서…

결혼기념일

누군가를 위해 음식을 준비하는 것이 보통 일은 아니죠. 결혼기념일은 내가
주인공인 날인데 음식 준비로 지치면 안 되니 음식은 간단히 준비하고 대신
꽃과 초 등의 소품으로 분위기를 근사하게 만드는 것도 좋지요. 이런 날은
스테이크와 샐러드만으로도 얼마든지 분위기를 낼 수 있습니다.

The Menu of Wedding Anniversary

아스파라거스 수프
바질 페스토 시트러스 카프레제
복분자소스 스테이크

아스파라거스 수프

생김새가 예쁘고 아삭한 식감과 향이 좋은 아스파라거스는 살짝 데쳐 기름에 볶기만 해도 맛이 좋아요.
그래서 저는 샐러드나 스테이크, 볶음 요리 등에 아스파라거스를 많이 활용해요. 아스파라거스 수프는
고소하고 부드러우며 옅은 그린색이 참 고급스러워 초대 요리에 잘 어울리는 메뉴입니다.

• Ingredients •

아스파라거스 10~12대
양파 ⅓개
대파 흰 부분 1대 분량
버터 1큰술
밀가루 1큰술
물 2컵
치킨 스톡 1개
생크림 2큰술
우유 ¼컵
소금 약간
후춧가루 약간
식용유 약간

• Recipe •

1. 아스파라거스는 1대만 남기고 3~4등분 한다.
2. 양파는 채 썰고, 대파는 어슷 썬다.
3. 냄비에 버터를 넣어 녹이고 양파와 대파를 볶다가 양파가 갈색이
   나면 밀가루를 넣어 가루가 보이지 않을 정도로 볶는다.
4. ③에 분량의 물을 붓고 아스파라거스와 치킨 스톡을 넣어 20분간
   푹 끓인 뒤 핸드 블렌더로 곱게 간 다음 한소끔 끓인다.
5. ④에 생크림과 우유를 넣어 섞고 잘 저어가며 2~3분 정도 끓인 뒤
   마지막에 소금과 후춧가루로 간을 한다.
6. 남겨 둔 아스파라거스는 3등분 해서 달군 팬에 기름을 살짝 둘러 볶는다.
7. 그릇에 수프를 담고 볶은 아스파라거스를 올려 장식한다.

• 핸드 블렌더가 없을 때는 수프를 믹서에 곱게 갈고 다시 냄비에 부어 끓인다.

바질 페스토 시트러스 카프레제

주로 토마토와 생 모차렐라 치즈를 활용하는 카프레제에 오렌지를 곁들여 상큼함을 더해봤어요.
토마토는 덜 익어 풋내가 나는 것보다 잘 익어 맛이 풍부한 걸 사용하는 게 좋습니다. 겨울에는 천혜향이나
한라봉을 사용하면 오렌지를 곁들일 때와는 또 다른 맛을 낼 수 있어요.

• Ingredients •

토마토(완숙) 2개
오렌지 1개
(또는 한라봉이나 천혜향)
생 모차렐라 치즈 1팩(100g)
바질 잎 3~4장

바질 페스토 드레싱

바질 페스토* 1큰술
발사믹식초 1큰술
레몬즙 1큰술
올리브유 4큰술

• Recipe •

1. 토마토는 둥근 모양을 살려 1㎝ 폭으로 썰고, 오렌지는 속껍질까지
   제거한 다음 토마토와 비슷한 크기로 썬다.
2. 생 모차렐라 치즈도 둥근 모양을 살려서 토마토와 같은 폭으로 썬다.
3. 바질 페스토 드레싱 재료를 잘 섞어 드레싱을 완성한다.
4. 토마토, 오렌지, 모차렐라 치즈를 번갈아가며 접시에 담는다.
5. 바질 페스토 드레싱을 뿌리고 바질 잎을 군데군데 올린다.

• 한라봉이 제철일 때는 오렌지 대신 한라봉을 넣는 게 한결 맛있다.

* 바질 페스토 이렇게 만드세요

신선한 바질 100g과 마른 팬에서 살짝 볶은 잣
20g, 엑스트라 버진 올리브유 200㎖, 마늘 5쪽,
그라나파다노 치즈 20g, 소금 20g, 후춧가루 5g
을 모두 믹서에 넣고 곱게 갈면 바질 페스토가 됩
니다. 깨끗하게 열탕소독한 유리병에 바질 페스토
를 넣고 냉장 보관하면 한 달 정도 두고 먹을 수 있
죠. 피자나 파스타에 활용해도 좋고, 빵이나 크래
커에 발라 와인 안주로 먹어도 아주 잘 어울립니다.

복분자소스 스테이크

저희 남편은 워낙 고기를 좋아하는 사람이라 결혼기념일이나 남편 생일에는 반드시 고기 요리를 메인으로
준비합니다. 결혼기념일처럼 분위기를 내고 싶은 날은 주로 스테이크를 내죠. 늘 먹는 스테이크 소스 대신
복분자 소스를 곁들여 보세요. 맛이 잘 어울리는 것은 물론 고기의 느끼함까지 덜어줍니다.

• Ingredients •

쇠고기(채끝 등심) 300g
소금 약간
후춧가루 약간
올리브유 2큰술
방울토마토 4개
씨겨자 1큰술

복분자 소스

레드 와인 1컵
발사믹식초 ⅛컵
간장 1큰술
복분자청 2큰술

• Recipe •

1. 쇠고기는 키친타월을 밑에 깔고 9시간 이상 김치 냉장고에서 숙성시키는
   데, 키친타월에 핏물이 배면 2~3번 정도 간다.
2. ①의 쇠고기는 소금, 후춧가루, 올리브유를 뿌려 1시간 정도 잰다.
3. 달군 팬에 쇠고기를 올려 4분 정도 굽고 뒤집어서 4분 구운 뒤 꺼내
   2분 정도 그대로 둬 레스팅한다.
4. 방울토마토는 달군 팬에 기름을 둘러 살짝 볶는다.
5. 쇠고기를 구운 팬에 레드 와인을 붓고 끓어오르면 중불로 줄인 뒤
   발사믹식초와 간장을 부어 4분간 더 끓인 뒤 복분자청을 넣는다.
   약한 불에서 3분 정도 졸여 복분자 소스를 완성한다.
6. 스테이크를 접시에 올리고 방울토마토와 씨겨자를 함께 얹은 뒤
   복분자 소스를 곁들여 낸다.

• 스테이크용 쇠고기는 구입 후 바로 굽는 것보다 9시간 이상 숙성시키면 한층
  부드러워진다. 숙성시키는 동안 밑에 키친타월을 깔아 핏물을 빼면 잡내가
  없고 깊은 맛이 더 좋아진다.
• 고기를 구운 뒤 바로 잘라 먹으면 구우면서 팽창된 육즙이 그대로 빠져 나와
  맛이 떨어진다. 구운 뒤 2~3분 정도 그대로 둬 레스팅한 뒤 먹는 게
  스테이크를 맛있게 먹는 방법이다.

복분자 소스, 구이나 튀김 요리에 잘 어울립니다

쇠고기 스테이크뿐 아니라 돼지고기 목살이나 삼겹
살 구이를 먹을 때 흔히 곁들이는 쌈장 대신 복분자
소스와 곁들이면 한층 고급스러운 맛을 낼 수 있습
니다. 손님을 대접할 때 함께 내보는 것도 좋지요. 오
징어 튀김이나 구이, 가리비 버터 구이를 먹을 때도
잘 어울리니 좀 넉넉히 만들어 두고 여러 요리에 활
용해 보세요.

꽃과 초 등의 소품으로 테이블 분위기 업그레이드

결혼기념일이나 남편 생일 등 오붓한 자리를 마련하고 싶은 날은 상차림부터 달라지게 마련입니다.
솜씨를 부려 상을 차리고 그릇이나 커트러리도 신경 써서 마련하죠. 식탁의 분위기를
조금 더 로맨틱하게 만들고 싶다면 꽃 몇 송이 꽂고 은은한 불빛의 양초도 함께 더합니다.
솜씨가 없어도 되는 일입니다. 기다란 유리 볼을 활용하면 더 쉽죠. 유리 볼 밑에 작은 돌을 깔고
돌 사이에 꽃을 꽂은 뒤 물을 부으세요. 물 위에 둥근 양초 하나 띄우면
소박하면서도 멋스런 장식이 완성됩니다.

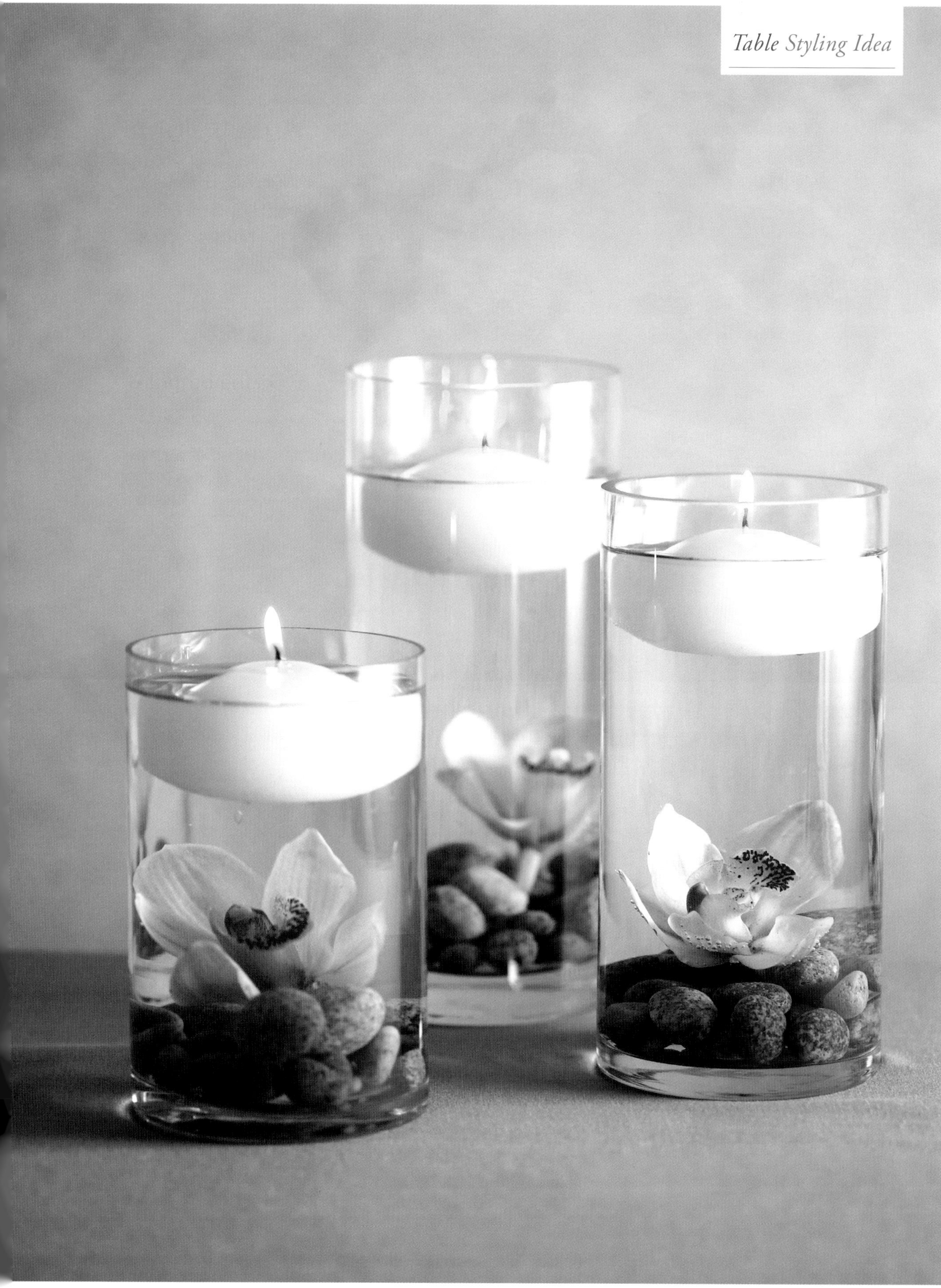

소박하지만 세련된 프렌치 스타일

가족 주말 브런치

주말은 늦잠 자고 하루를 느긋하게 시작하는 가정이 많을 겁니다. 가족이 한 자리에 모이는 주말 오전 식탁은 부담 없이 가볍게 먹을 수 있는 간단식으로 준비하는 게 좋아요. 평상시에는 주로 한식을 먹을 테니 주말 브런치만이라도 샐러드와 토스트, 건강 주스 한 잔으로 가볍게 시작하세요.

The Menu of Weekend Brunch

그래놀라 요구르트
커리 치킨 샐러드
프렌치토스트
연근 에너지 주스

그래놀라 요구르트

유럽에 여행을 가면 아침 뷔페에 빠지지 않는 게 플레인 요구르트예요. 건강한 아침을 위한
메뉴가 아닌가 싶습니다. 오트밀과 영양 가득한 견과류, 마른 과일, 계핏가루로 맛을 낸 그래놀라를
플레인 요구르트와 함께 먹으면 맛이 한결 풍성하고 가볍고 건강한 식사를 할 수 있을 거예요.

• Ingredients •

유기농 오트밀 240g
견과류 150g
마른 과일 50g
플레인 요구르트 1ℓ

계피 시럽

메이플 시럽 ⅓컵
올리브유 3큰술
황설탕 1큰술
계핏가루 ½큰술
소금 약간

• Recipe •

1. 견과류는 호두, 아몬드, 땅콩, 캐슈너트 등 기호에 맞게 준비해 봉지에
   담고 방망이로 가볍게 두들겨 팥알 크기로 부순다.
2. 마른 과일도 건포도, 건 블루베리, 건 라즈베리 등 기호에 맞게 준비한다.
3. 분량의 계피 시럽 재료를 모두 잘 섞고 준비한 오트밀과 견과류에 넣어
   골고루 버무린다.
4. 오븐 팬에 유산지를 깔고 ③을 편편하고 얇게 편 뒤 160℃로 예열한
   오븐에서 20분간 굽고 꺼내서 골고루 섞은 다음 다시 15분간 더 굽는다.
5. ④ 위에 마른 과일을 얹고 다시 오븐에 넣어 5분간 더 구운 뒤
   숟가락으로 뒤섞는다.
6. 구운 그래놀라를 접시에 담고 플레인 요구르트와 곁들여 낸다.

• 한 번에 구우면 시럽이 탈 수 있으니 어느 정도 굽고 꺼내서 뒤섞어
  다시 굽는 게 좋다.
• 마른 과일은 처음부터 섞어 구우면 쉽게 타고 딱딱해질 수 있으니
  마지막에 넣어 5분 정도 굽는다.

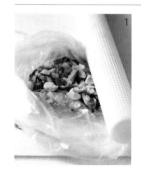

커리 치킨 샐러드

가끔 가는 레스토랑의 인기 메뉴를 응용해서 만든 이 커리 치킨 샐러드는 스파이시한 커리 드레싱에
닭고기와 채소를 넣고 버무려 한 끼 식사로 손색없고 중독성 있는 맛이죠. 다이어트 하는 사람들에게도
부담 없고 여러 영양소를 섭취할 수 있어 건강하게 즐길 수 있는 샐러드입니다.

• Ingredients •

닭 가슴살 1½쪽
우유 ⅓컵
청주 1큰술
양파 ⅓개
셀러리 1대
로메인 6~7장
겨자잎 5장
건포도 ¼컵
캐러멜 너트* ¼컵
그라나파다노 치즈 약간

커리 마요네즈 드레싱

커리 파우더 1큰술
마요네즈 1큰술
플레인 요구르트 1큰술
씨겨자 1큰술
레몬즙 1큰술
설탕 1작은술
소금 약간
후춧가루 약간

레몬 와인 드레싱

화이트 와인 식초 2큰술
올리브유 2큰술
레몬즙 1½큰술
꿀 2작은술
소금 약간

• Recipe •

1. 닭 가슴살은 우유에 10분간 담가 잡내를 없애고 찬물에 헹군다.
2. 끓는 물에 청주를 넣고 닭 가슴살을 15분간 삶아 먹기 좋게 쭉쭉 찢는다.
3. 양파는 얇게 채 썰어 기름을 두른 달군 팬에 볶아낸다.
4. 셀러리는 얇게 어슷 썰고 로메인과 겨자잎은 한입 크기로 썬다.
5. 커리 마요네즈 드레싱 재료는 모두 섞어 드레싱을 완성한다.
6. 볼에 닭 가슴살과 볶은 양파, 셀러리를 담고 커리 마요네즈 드레싱을
   넣어 버무린다.
7. ⑥에 건포도와 캐러멜 너트를 ⅔정도 넣어 섞는다.
8. 레몬 와인 드레싱 재료를 모두 섞고 로메인과 겨자잎을 넣어 가볍게
   버무려 접시에 담는다.
9. 로메인과 겨자잎 위에 ⑦을 소복하게 올리고 나머지 건포도와
   캐러멜 너트를 올린 뒤 그라나파다노 치즈를 필러로 얇게 저며 뿌린다.

* 캐러멜 너트 이렇게 만드세요

에스프레소 캐러멜 시럽(p.75)을 냄비에 넣고 바
글바글 끓으면 견과류를 넣어 촉촉하게 시럽이 묻
을 정도로 섞고 불을 끈 다음 펼쳐서 식힙니다. 넉
넉히 만들어 두면 샐러드에 활용할 수 있을 뿐 아
니라 온 가족 영양 간식으로도 좋아요. 두뇌 활동
에 좋은 견과류는 매일 챙겨 먹는 게 좋다는 걸 알
면서도 잘 안 되는데, 이렇게 견과류를 캐러멜 너
트로 만들어 두면 오가며 집어 먹기 좋죠.

프렌치토스트

예전에 제가 셰프로 일하던 레스토랑에서 손님들에게 인기 많던 메뉴예요. 유명 호텔 프렌치 레스토랑의
토스트와 견줄 만하다고 거의 매일 찾는 분도 계셨어요. 달걀 특유의 비린내를 없애기 위해
에스프레소를 넣고 메이플 시럽 대신 홈메이드 캐러멜 시럽으로 한층 깊고 풍부한 맛을 냈습니다.

• Ingredients •

브리오슈 식빵 1개
달걀 3개
연유 2큰술
꿀 1큰술
계핏가루 ½작은술
우유 200㎖
생크림 100㎖
에스프레소 2큰술
버터 1큰술
바나나 1개
황설탕 1큰술
블루베리 8개
라즈베리 8개
캐러멜 시럽 적당량
슈거파우더 약간

에스프레소 캐러멜 시럽

설탕 1컵
뜨거운 물 1컵
에스프레소 2큰술
버터 1큰술

• Recipe •

1. 에스프레소 캐러멜 시럽 재료 중 설탕을 먼저 팬에 넣고 중약불에서
   젓지 말고 녹이다가 설탕이 완전히 녹고 갈색이 나면 뜨거운 물을 붓고
   덩어리지지 않게 거품기로 저어가며 끓인다.
2. ①에 에스프레소와 버터를 넣고 약불에서 잘 섞어가며 농도가
   생길 때까지 5분 정도 졸여 에스프레소 캐러멜 시럽을 만든다.
3. 볼에 달걀과 연유, 꿀, 계핏가루를 넣어 섞는다.
4. 냄비에 우유와 생크림을 넣고 따끈하게 데운 뒤 ③에 섞고 마지막에
   에스프레소를 섞는다.
5. 브리오슈 식빵은 2㎝ 두께로 썬다.
6. 달군 팬에 버터를 두르고 브리오슈 식빵을 ④에 충분히 적셔 올린 뒤
   앞뒤로 노릇하게 구워낸다.
7. 바나나를 길게 반 갈라 단면에 황설탕을 뿌리고 토치로 살짝 굽는다.
8. 구운 식빵 위에 바나나를 반 잘라 얹고 블루베리와 라즈베리를 올린 뒤
   캐러멜 시럽을 듬뿍 뿌리고 슈거파우더를 뿌린다.

• 일반 식빵 대신 버터가 많이 함유된 브리오슈 식빵을 사용하면
  더 부드럽고 맛있다.
• 바나나를 토치로 구우면 모양이 흐트러지지 않는다. 토치가 없을 때는
  팬에 버터를 두르고 굽는다.

에너지 주스

동경에서 최고라는 햄버그스테이크 레스토랑을 찾은 적이 있는데, 오묘한 다섯 가지 맛에 색감도
예쁜 주스가 인상적이었어요. 연근이 들어간 게 특이했죠. 꼭 한번 만들어 보고 싶어 연근과 과일을 더해
그 맛을 내보았습니다. 연근과 여러 과일로 만들어 디톡스 효과도 좋은 건강 주스입니다.

• Ingredients •

사과 1개
딸기 4개
바나나 ½개
당근 ⅓개
연근 10㎝
얼음 적당량

• Recipe •

1. 사과는 깨끗이 씻고 껍질째 세로로 6등분한 뒤 다시 반 자른다.
2. 딸기는 흐르는 물에 헹구고 꼭지를 뗀 뒤 반 가른다.
3. 바나나는 듬성듬성 썬다.
4. 당근은 흙이 없도록 깨끗이 씻고 반 갈라 2㎝ 폭으로 썬다.
5. 연근은 필러로 껍질을 벗기고 반 갈라 2㎝ 폭으로 썬다.
6. 준비한 모든 재료를 착즙기로 짜서 컵에 담는다.

내 식탁에서 카페 브런치를 먹는 것처럼…

가족이 둘러 앉아 편히 먹는 자리라고 대충 차려내지 말고
빵은 바구니에 담고 예쁜 접시와 그릇을 사용해 보세요.
커트러리와 음료 컵 하나까지 신경 써서 차린 테이블은 기분까지 좋게 합니다.
레스토랑이나 카페의 세팅을 따라 해 보는 것도 좋은 방법이죠.
가족의 기분 좋은 주말 아침을 위해 작은 정성을 보태는 센스를 발휘해 보세요.

한여름, 지인들과 간단히 즐기는
가벼운 점심 식탁

더위에 지칠 수밖에 없는 여름은 영양가 있는 식사를 맛있게 해야 더위에
잃었던 입맛과 건강을 챙길 수 있습니다. 날 더울 때는 어딜 찾아 다니며 밥
먹는 것도 귀찮은 일입니다. 저는 선배나 후배들과 모임이 있을 때 간단히
음식 장만해서 집에서 점심 한 끼 먹는 게 좋더라고요.

The Menu of Summer Lunch

해물 크로켓
닭고기 메밀 비빔면
단호박 푸딩

해물 크로켓

크로켓은 소가 씹히는 맛이 있어야 좋으니 해물은 곱게 다지지 말고 어느 정도 살이 보일 정도로 다집니다.
상큼한 오로라 소스와 해물 크로켓의 조화는 아이들도 좋아하는 맛이에요. 간식으로 한 끼를 든든하게
채울 수 있으니 좀 넉넉히 만들어 냉동해 두었다가 필요한 만큼 튀겨 먹어도 좋습니다.

• Ingredients •

감자 1¼개
버터 1큰술
양파 ⅓개
그린 올리브 5~6개
영덕 게살(병조림) 50g
새우(중하) 4마리
오징어 ½마리
레몬 제스트 약간
베샤멜 소스* 2~3큰술
밀가루 ½컵
달걀물 2개 분량
빵가루 1컵
튀김 기름 적당량

오로라 소스

방울토마토 4개
마요네즈 4큰술
화이트 와인 2큰술
토마토케첩 1큰술
플레인 요구르트 1큰술
레몬즙 1큰술
소금 ¼큰술
후춧가루 약간

• Recipe •

1. 감자는 껍질을 벗기고 무르게 푹 찐 뒤 뜨거울 때 버터를 넣어 으깬다.
2. 양파는 곱게 다지고 그린 올리브도 곱게 다진다.
3. 게살은 물기를 빼서 다지고, 새우는 머리와 꼬리, 껍질을 제거하고
   등쪽의 내장을 뺀 뒤 1㎝ 길이로 썬다. 오징어는 껍질을 벗기고
   사방 1㎝ 크기로 썬다.
4. 으깬 감자에 다진 양파와 올리브, 해물을 넣고 레몬 제스트와
   베샤멜 소스를 넣어 섞는다.
5. ④의 반죽을 트레이에 편편하게 펴서 20분 이상 냉장고에 둔다.
6. 오로라 소스 재료 중 방울토마토는 꼭지를 떼고 반 갈라 믹서에
   곱게 간 뒤 나머지 오로라 소스 재료와 섞어 소스를 완성한다.
7. ⑤의 반죽을 냉장고에서 꺼내 지름 3~4㎝ 크기의 동그란 공 모양으로
   빚는다.
8. 반죽은 밀가루와 달걀물, 빵가루 순으로 튀김옷을 입힌 뒤 소금을
   넣었을 때 기포가 바로 올라오는 정도의 튀김 기름에 노릇하게 튀겨낸다.
9. 튀긴 크로켓은 기름을 빼서 접시에 담고 오로라 소스를 곁들여 낸다.

* 베샤멜 소스 이렇게 만드세요
달군 팬에 버터 140g을 약불에서 녹이고 밀가루
120g을 넣어 약불에서 타지 않게 저어가며 15분
정도 볶아 루를 만듭니다. 루가 갈색이 되면 덜어
내 2큰술씩 나눠 냉동 보관했다가 사용할 때 얼린
루 1조각에 우유 1컵과 소금을 약간 넣어 보글보글
끓이면 베샤멜 소스가 되죠. 이렇게 루를 만들어
두면 베샤멜 소스를 활용하는 라자냐나 그라탱 등
의 서양 요리가 쉬워집니다.

닭고기 메밀 비빔면

여름에는 쫄깃하고 구수한 맛의 메밀국수가 일품이죠. 이열치열이라 하여 매운 음식을 많이 먹습니다. 특히
입 안 얼얼할 정도로 매콤하고 시원하게 비빈 면을 간단히 즐기기도 하죠. 저는 메밀국수를 쫄깃하게 삶아
닭 가슴살과 여러 가지 채소를 넣고 폰즈 소스에 와사비를 곁들여 담백하고도 깔끔하게 비빈 국수를 즐깁니다.

• Ingredients •

마른 메밀국수 100g
닭 가슴살(큰 것) 1쪽(200g)
소금 약간
후춧가루 약간
마른 로즈메리 약간
올리브유 2큰술
브로콜리 ⅓개
양파 ⅓개
비트 ¼개
김 1장
소금 약간

폰즈 소스

다시마 가다랑어 국물(p.9) ½컵
식초 4큰술
간장 3큰술
설탕 2큰술
레몬 1개

비빔 양념

폰즈 소스 ⅛컵
올리브유 4큰술
통깨 2큰술
와사비 1½큰술
레몬즙 1큰술
참기름 2작은술
생강 퓌레* 1작은술

• Recipe •

1. 폰즈 소스 재료 중 다시마 가다랑어 국물에 식초, 간장, 설탕을 넣어
한소끔 끓인 뒤 불을 끄고 레몬을 껍질째 4등분해서 넣는다.
체에 걸러 폰즈 소스를 만들고 냉장고에 차게 둔다.

2. 닭 가슴살은 소금과 후춧가루, 마른 로즈메리, 올리브유를 뿌려
30분 정도 쟀다가 그릴 팬에 굽고 한 입 크기로 먹기 좋게 자른다.

3. 브로콜리는 작은 송이로 나눠 끓는 물에 살짝 데친 뒤 얼음물에 담갔다
물기를 뺀 다음 반 자른다.

4. 양파는 곱게 채 썰어 기름을 두른 달군 팬에서 소금을 약간 뿌려가며
볶아낸다.

5. 비트는 곱게 채 썬 뒤 물에 잠시 담가두었다가 체에 밭쳐 물기를 뺀다.

6. 김은 불에 살짝 굽고 가늘게 채 썬다.

7. 분량의 비빔 양념 재료를 한데 섞는다.

8. 메밀국수는 끓는 물에 쫄깃하게 삶아 찬물에 헹구고 얼음물에 담가
차게 식힌 뒤 체에 밭쳐 물기를 뺀다.

9. 삶은 메밀국수에 준비한 닭고기와 브로콜리, 양파, 비트를 넣고
비빔 양념을 뿌려 버무린 뒤 접시에 담고 김 채를 올린다.

*생강 퓌레 이렇게 만드세요

음식에 맛과 향을 살리는 생강은 대부분 적은 양
을 사용하기 때문에 그때 그때 손질해서 쓰는 게
여간 번거로운 일이 아니죠. 퓌레를 만들어 두면
편합니다. 생강 100g을 준비해 숟가락으로 깨끗
하게 껍질을 벗기고 물 25g을 넣어 믹서에 곱게
간 뒤 지퍼백에 편편하게 담아 냉동해 두세요. 사
용할 때마다 조금씩 떼서 음식에 넣으면 아주 편
하고 요긴합니다.

단호박 푸딩

케이크를 일 년 정도 배운 적이 있는데 참 고마운 건 번거롭거나 까다롭지 않게 만들 수 있는
맛있는 레시피를 주신 선생님입니다. 대충 만들어도 제법 맛있는 저의 대표 메뉴 중 단호박 푸딩은
단호박과 크림치즈가 들어가 부드럽고 말랑한 케이크예요.

• Ingredients •

단호박 600g(약 ⅔통)
설탕 120g
크림치즈 80g
생크림 100㎖
달걀 3개
달걀노른자 1개 분량
바닐라 에센스 약간

장식

천도복숭아 처트니(p.233) 적당량
블루베리 6~8개
민트 잎 약간
슈거파우더 적당량

• Recipe •

1. 단호박은 랩을 씌워 전자레인지에서 5~6분 정도 조리한 뒤 세로로
   큼직하게 잘라 씨를 긁어내고 껍질을 벗겨 작게 토막낸다.
2. 단호박이 뜨거울 때 볼에 담아 곱게 으깨고 설탕을 넣어 잘 섞는다.
3. 크림치즈는 실온에 둬 부드럽게 되면 볼에 담고 생크림을 조금씩 부어가며
   골고루 섞는다.
4. 달걀과 달걀노른자는 함께 곱게 푼다.
5. 으깬 단호박에 ③을 섞은 다음 ④의 달걀을 넣어가며 골고루 섞고
   마지막에 바닐라 에센스를 넣어 푸딩 반죽을 만든다.
6. 푸딩 반죽은 작은 오븐용 용기에 나눠 붓고 180℃로 예열한 오븐에서
   50분 굽는다.
7. 푸딩 위에 천도복숭아 처트니와 블루베리, 민트 잎을 올려 장식하고
   마지막에 슈거파우더를 뿌린다.

• 천도복숭아 처트니 대신 제철 과일을 활용해도 된다.

유리 피처에 과일과 물을 담아 시원하게 내기

물을 많이 찾는 여름에는 손님상에 물 하나 내는 것에도 아이디어를 발휘해 보세요.
유리병이 시원함을 유지하는 데 좋으므로 모양 예쁜 유리 피처 하나 준비하는 것도
좋습니다. 시원한 물에 레몬 한 조각 띄워 마시는 것처럼 레몬과 여름 과일을 피처에 보기 좋게
담습니다. 레몬만 넣었을 때보다 한결 보기 좋고 과일의 은은한 향도 좋죠. 얼음을 담고
시원한 물을 부어 식탁 위에 올리면 평범한 생수도 특별해지고
식탁을 장식하는 소품이 되기도 합니다.

해산물과 고기 요리로 푸짐하게!

저녁 모임 테이블

나이가 드니 저녁을 과하게 먹으면 속이 불편할 때가 있어요. 그래서 저는 주로 점심을 잘 챙겨 먹고 저녁은 가볍게 먹는데, '남편과 한 끼 든든하게 챙겨 먹어야겠다' 싶은 날이나 지인들을 초대해서 든든히 배 채우고 건강을 북돋우고 싶은 날에는 한 상 거하게 차려 먹어요.

The Menu of Dinner

해물 영양 냉채
돼지고기 묵은지 보쌈
사천식 가지 찜
마늘 볶음밥

해물 영양 냉채

닭고기에 오징어, 새우, 해파리 등 해산물을 넉넉히 넣고 아삭하고 향긋한 오이와 양파를 더해
마요네즈 겨자 소스에 버무린 냉채예요. 푸짐해서 좋고 대중적인 맛이라 어느 상에 올려도
잘 어울리는 메뉴입니다. 요리 수업을 진행하다 보면 가끔 생소하고 복잡한 요리는 어려워하는
사람들이 있는데, 이 메뉴는 늘 인기가 있죠.

• Ingredients •

닭 가슴살 2쪽
청주 1큰술
오징어 ½마리
칵테일 새우(큰 것) 10마리
크래미 3줄
해파리 50g
달걀 3개
오이 ½개
양파 ¼개
밤 4개

단촛물

식초 3큰술
설탕 2큰술
소금 약간

냉채 소스

마요네즈 ⅔컵
식초 4큰술
다진 양파 3큰술
연겨자 3큰술
레몬즙 1큰술
설탕 1큰술
유자청 1큰술
소금 ½큰술
통깨 2큰술

• Recipe •

1. 분량의 단촛물 재료를 냄비에 넣고 설탕이 녹을 정도로만 끓여 식힌다.
2. 끓는 물에 청주를 넣고 닭 가슴살을 넣어 15분간 삶은 다음 꺼내
   한 김 식히고 잘게 찢는다.
3. 오징어는 끓는 물에 살짝 데친 다음 링 모양으로 가늘게 썬다.
4. 칵테일 새우는 끓는 물에 살짝 데쳐 물기를 빼고, 크래미는 결대로 찢는다.
5. 해파리는 찬물에 담가 바락바락 주물러 씻고 맑은 물에 헹군 뒤
   단촛물에 반나절 정도 잰다.
6. 달걀은 완숙으로 삶아 반 가른 뒤 흰자는 가늘게 채 썰고, 노른자는
   곱게 으깬다.
7. 오이는 반 갈라 숟가락으로 가운데 씨를 제거한 뒤 채 썬다.
8. 양파는 얇게 채 썰어 찬물에 담가 매운맛을 없애고 체에 밭쳐 물기를
   뺀다.
9. 밤은 속껍질까지 깨끗하게 벗긴 뒤 얇게 편 썬다.
10. 큰 볼에 분량의 냉채 소스 재료를 섞은 뒤 준비한 모든 재료를 넣어
    버무린다.

• 재료를 미리 준비해 냉장고에 넣어 시원하게 두고 먹기 직전에 버무리면
  한결 신선하다.
• 석류가 제철일 때는 해물 냉채를 그릇에 담고 석류알을 올려 장식하면
  고급스러운 플레이팅과 더불어 영양도 더할 수 있다.

돼지고기 묵은지 보쌈

어렸을 때는 돼지고기 누린내에 민감해서 돼지고기를 거의 먹지 않았어요. 돼지고기는 누린내 없이
조리하는 게 관건인 것 같아요. 저는 돼지고기를 삶을 때 물을 아주 적게 넣고 청주와 향채,
그리고 녹차 잎을 넣어 기름 쪽 빠지게 삶습니다. 고소하고 부드러운 돼지고기의 참맛을 볼 수 있죠.

• Ingredients •

돼지고기(오겹살) 800g
(또는 삼겹살)
양파 1개
사과 ⅓개
마늘 5쪽
생강 약간
대파 잎 1대 분량
녹차 잎 약간
물 ½컵
청주 1큰술
설탕 1큰술
맛간장(p.8) 2큰술
맛술 2큰술
묵은지 적당량

김치 새우젓 소스

풋고추 ½개
홍고추 ½개
김치 국물 2큰술
새우젓 1 ½큰술
식초 1작은술
통깨 약간

• Recipe •

1. 돼지고기는 큼직하게 3등분한다.
2. 양파는 2㎝ 두께로 둥글게 썰고, 사과는 껍질째 깨끗이 씻어
   2㎝ 두께로 썬다.
3. 생강은 편으로 썰고 대파 잎은 듬성듬성 썬다.
4. 냄비에 사과와 양파를 깔고 그 위에 돼지고기를 얹은 뒤 마늘과 생강,
   대파 잎, 녹차 잎을 올린 다음 분량의 물과 청주, 설탕을 넣어 끓인다.
5. 한소끔 끓인 뒤 불을 약하게 줄여 1시간 정도 푹 끓인다.
   불을 끄고 뚜껑을 닫은 채로 20분 정도 그대로 뜸을 들인다.
6. 김치 새우젓 소스 재료 중 고추는 반 갈라 씨를 털어 곱게 다진 뒤
   나머지 분량의 재료와 섞어 소스를 완성한다.
7. ⑤의 돼지고기를 꺼내 흐르는 물에 한 번 헹구고 물기를 없앤다.
8. 팬에 맛간장과 맛술을 넣어 보글보글 끓으면 돼지고기를 얹고
   뒤집어가며 겉면이 갈색이 나도록 조린다.
9. 묵은지는 물에 헹구고 물기를 꼭 짠 뒤 크기에 따라 2~3등분한다.
10. 조린 돼지고기를 도톰하게 썰어 묵은지와 함께 접시에 담고
    김치 새우젓 소스를 곁들여 낸다.

• 돼지고기를 삶을 때 사과와 양파를 넣으면 누린내를 없앰과 동시에
  연육 작용으로 고기가 부드러워진다.
• 돼지고기를 삶은 뒤 20분 정도 뜸을 들이면 육즙이 빠지는 것을 막아
  고기가 한결 부드럽고 맛있다.

4-1

4-2

7

8

사천식 가지 찜

15년 전쯤 사천 요리를 잘 하는 중국집을 방문했을 때 가지 찜이 나왔는데, 저희 남편이
밥 한 공기 뚝딱 비울 정도로 맛있게 먹었어요. 매콤하면서 부드러운 그 맛을 보고 한번 만들어 보라고
남편이 제의해서 비슷하게 개발한 저의 소중한 메뉴입니다.

• Ingredients •

돼지고기(안심) 200g
가지 3개
대파 흰부분 10㎝
쪽파 1뿌리
마늘 3쪽
생강 ½쪽
마른 고추(매운 것) 2개
물 1컵
치킨 스톡 ½개
물녹말 1큰술
(물 2큰술+녹말가루 1큰술)
참기름 ½작은술
후춧가루 약간
식용유 적당량

돼지고기 밑간

굴소스 1작은술
생강 퓌레(p.83) 1작은술
청주 1작은술
후춧가루 약간

소스

두반장 1½큰술
미소된장 1큰술
설탕 1큰술
간장 1큰술
청주 1큰술

• Recipe •

1. 돼지고기는 3㎝ 길이로 가늘게 채 썰어 밑간 양념에 10분간 잰다.
2. 가지는 반 갈라 4㎝ 길이로 자르고 0.5㎝ 두께로 납작납작하게 썬다.
3. 대파와 쪽파는 각각 송송 썰고, 마늘과 생강은 편으로 썬다.
   마른 고추는 듬성듬성 썬다.
4. 가지는 소금을 넣어 기포가 바로 올라오는 정도의 튀김 기름에
   살짝 튀긴 뒤 기름을 뺀다.
6. 달군 팬에 기름을 두르고 대파, 마늘, 생강을 타지 않게 볶아 향을 낸 뒤
   돼지고기와 소스 재료 중 두반장을 먼저 넣어 볶는다.
7. 돼지고기의 표면이 익으면 튀긴 가지와 나머지 분량의 소스 재료를 넣어
   볶다가 마른 고추를 넣어 한소끔 볶고 분량의 물을 부어 끓인다.
8. ⑦에 치킨 스톡을 넣어 5분간 끓인 뒤 물녹말을 풀어 넣고 참기름과
   후춧가루를 넣어 마무리한다. 마지막에 송송 썬 쪽파를 올린다.

마늘 볶음밥

푸짐한 일품 요리와 함께 술 한 잔 하는 자리는 손님들이 그다지 밥을 많이 먹지 않아요. 그래도 밥이 없으면 허전하니 저는 밥에 파, 마늘, 달걀만 넣어 간단히 볶아냅니다. 인원 수대로 덜어 내는 것보다 큰 볼에 담아 원하는 분량만큼 덜어 먹을 수 있게 담아내는 것이 좋아요.

• Ingredients •

밥 2공기
달걀 2개
청주 1큰술
마늘 10쪽
대파 1대
소금 1작은술
참기름 1작은술
식용유 적당량

• Recipe •

1. 달걀은 청주를 넣어 곱게 풀고, 마늘은 편으로 썬다. 대파는 송송 썬다.
2. 달군 팬에 기름을 두르고 달걀물을 넣어 재빨리 볶아 스크램블드 한 뒤 덜어낸다.
3. 달걀을 볶아 낸 팬에 기름을 두르고 마늘을 볶다가 송송 썬 파를 넣어 기름에 향을 낸다.
4. 마늘이 노릇해지면 밥을 넣어 뭉치지 않게 풀어가며 볶다가 스크램블드 한 달걀을 넣고 고루 섞는다.
5. 마지막에 소금과 참기름을 넣어 간을 한다.

• 파를 기름에 잘 볶아 향을 내고 달걀은 80% 정도만 스크램블드 해야 부드럽고 맛있다.

편하게 덜어 먹을 수 있는 그릇을 넉넉히 준비하세요

여러 사람이 모이는 자리에는 음식을 덜어 먹을 수 있는 개인 접시나 볼을 준비하기 마련입니다.
대부분 상을 차릴 때 개인 접시 하나만 달랑 놓는데, 여러 음식을 한 접시에 덜어 먹다보면
음식이 섞여 고유의 맛을 제대로 볼 수 없죠. 설거지가 조금 귀찮아도 개인 접시나 볼을
넉넉히 준비해서 필요할 때 적절하게 활용할 수 있게 합니다.

가벼운 음식에 고급스러운 맛을 담은

친구 점심 초대

오랜만에 레스토랑에서 친구 몇몇과 점심 먹고 차 한 잔 마실 때 저희를 포함
해 대부분의 사람들이 여자들이다 보니 시끌시끌 할 때가 종종 있어요. 남들
수다에 방해받지 않고 또 마음 편히 수다 떨 수 있는 공간으로는 집이 최고죠.
그래서 가끔 친구들을 집으로 초대해 가볍게 점심을 먹곤 합니다.

The Menu of Lunch with Friends

굴 튀김 버섯 볶음
낙지 불고기 떡볶이
우엉 해물 어묵탕
미소 채소 무침

굴 튀김 버섯 볶음

겨울 식재료로 탱탱하게 살 오른 굴을 빼 놓을 수 없지요. 바다의 맛과 향을 그대로 머금은 굴은
11월부터 겨우내 맛이 한창 좋을 때입니다. 싱싱한 굴은 회뿐 아니라 어떻게 조리해도 맛이 좋은데,
튀겨서 버섯과 함께 볶으면 고급스러운 탕수 요리가 되죠. 폼 나는 초대 요리로 손색없어요.

• Ingredients •

굴 300g
소금 적당량
느타리버섯 200g
양송이버섯 5개
표고버섯 5개
새송이버섯 1개
목이버섯 약간
쪽파 7뿌리
마늘 5쪽
생강 1쪽
마른 고추 2개
녹말가루 1컵
물녹말 1큰술
(물 1큰술+녹말가루 ½큰술)
참기름 약간
후춧가루 약간
식용유 적당량

소스

치킨 스톡 ⅓개
물 4큰술
간장 3큰술
설탕 2큰술
청주 1큰술
올리고당 1큰술
식초 1큰술

• Recipe •

1. 굴은 옅은 소금물에 흔들어 씻고 체에 밭쳐 물기를 뺀다.
2. 느타리버섯은 가닥을 나누고 양송이버섯은 통째로 끓는 물에 넣어
   살짝 데친 뒤 체에 밭쳐 물기를 뺀다.
3. 데친 버섯과 나머지 버섯은 모두 각각 한입 크기로 썬다.
4. 쪽파는 4㎝ 길이로 썰고, 마늘과 생강은 편으로 썬다. 마른 고추는
   3~4등분해서 씨를 턴다.
5. 분량의 소스 재료는 모두 한데 섞는다.
6. 굴은 녹말가루를 가볍게 묻혀 기름을 넉넉히 두른 팬에 튀긴다.
7. 달군 팬에 기름을 두르고 마른 고추와 마늘, 생각을 볶다가 목이버섯을
   제외한 버섯과 소스 ½ 분량을 함께 넣어 볶는다.
8. 버섯과 소스가 잘 어우러지면 튀긴 굴과 목이버섯, 나머지 소스를 넣고
   뒤섞어가며 볶는다.
9. 마지막에 쪽파를 넣고 물녹말로 농도를 맞춘 뒤 참기름과 후춧가루를
   뿌리고 어우러지게 볶는다.

낙지 불고기 떡볶이

우리나라를 대표하는 가장 대중적이고 인기 많은 분식인 떡볶이는 언제 먹어도 질리지 않는 맛이
인기의 비결 아닌가 싶습니다. 떡볶이에 쇠고기와 낙지를 넉넉하게 넣어 시원하고 매콤한 맛을 내
한층 고급스러운 일품 요리로 만들어 보았어요.

• Ingredients •

가래떡 2½줄
낙지 1마리
(또는 주꾸미 2마리)
밀가루 ½컵
다진 마늘 1작은술
후춧가루 약간
표고버섯 3~4개
새송이버섯 1개
쪽파 6뿌리
마늘 3쪽
쇠고기(불고깃감) 100g
청주 1큰술
물 ½컵
참기름 적당량
식용유 적당량

떡볶이 양념

통조림 파인애플 1쪽
고춧가루 2큰술
맛간장(p.8) 2큰술
맛술 1큰술
꿀 1큰술
참기름 1작은술
후춧가루 약간

• Recipe •

1. 가래떡은 2㎝ 길이로 썰어 끓는 물에 부드럽게 데치고 물기를 뺀 뒤
   참기름 1큰술을 넣어 버무린다.
2. 낙지는 밀가루에 바락바락 주물러 씻고 흐르는 물에 헹군 뒤 먹기 좋게
   썰어 참기름 1작은술과 다진 마늘, 후춧가루로 밑간 한다.
3. 표고버섯은 열십자(+)로 썰고, 새송이버섯은 표고버섯과 비슷한 크기로
   썬다.
4. 쪽파는 3㎝ 길이로 썰고, 마늘은 편으로 썬다.
5. 떡볶이 양념 중 통조림 파인애플은 듬성듬성 썰어 믹서에 갈아
   볼에 담고 나머지 떡볶이 양념을 넣어 섞는다.
6. 팬에 기름을 약간 두르고 마늘을 볶아 향을 낸 뒤 쇠고기를 풀어가며
   볶다가 청주를 넣는다.
7. ⑥에 떡볶이 양념을 넣고 버섯과 가래떡을 넣어 어우러지게 볶은 뒤
   분량의 물을 부어 끓인다.
8. 떡이 말랑해지면 낙지를 넣고 낙지가 익으면 바로 쪽파와 참기름을 약간
   넣고 한 번 뒤섞어 마무리한다.

• 떡볶이 양념은 하루 전에 미리 만들어 냉장고에 넣어 숙성시키면 맛이
  한결 좋아진다.
• 낙지는 손질해 밑간해 두면 간이 배는 것은 물론 기름이 코팅돼 수분이 빠져
  나가는 것을 막아 떡볶이에 물이 덜 생긴다.

우엉 해물 어묵탕

어묵탕은 어떻게 끓이느냐에 따라 여러 가지 맛을 낼 수 있습니다. 저는 백합 조개로 국물을 내고
고급 어묵으로 맛을 더합니다. 그리고 마지막에 우엉을 얇게 슬라이스해서 꽃처럼 듬뿍 얹으면
우엉 향이 국물에 번져 한결 고급스러운 맛의 어묵탕이 되지요. 우리 집 겨울 손님상 대표 메뉴예요.

• Ingredients •

어묵 200g
우엉 1대
백합 5~6개(200g)
소금 적당량
새우(중하) 3~4마리
알배추 ⅛통(배춧잎 5장)
대파 1대
청양고추 1개
홍고추 1개

양념

고춧가루 1큰술
참치액 1작은술
소금 약간

밑국물

국물용 멸치 7~8마리
물 6컵
무 100g(4~5cm)
양파 ⅙개
다시마(10cm) 1장

• Recipe •

1. 냄비에 밑국물 재료 중 국물용 멸치를 볶다가 분량의 물을 붓고 무와
   양파, 다시마를 넣어 한소끔 끓인 뒤 중불로 줄여 15분 정도 더 끓인다.
2. 어묵은 두툼하고 모양이 다양한 것으로 준비해 한입 크기로 썬다.
3. 우엉은 필러로 껍질을 벗기고 10cm 길이로 얇게 밀어 찬물에 담가둔다.
4. 백합은 소금물에 담가 해감을 뺀 뒤 헹구고, 새우는 깨끗이 씻는다.
5. 알배추는 한 잎씩 떼서 한입 크기로 칼을 뉘어 저며 썰고,
   대파는 어슷 썬다.
6. 청양고추와 홍고추는 반 갈라 씨를 털고 송송 썬다.
7. ①의 밑국물의 건지를 고운 체로 건져내고 국물에 어묵을 넣어
   한소끔 끓이다가 새우와 백합을 넣는다.
8. 백합 입이 벌어지면 알배추와 양념을 넣어 한소끔 끓인다. 마지막에
   대파와 고추를 넣고 불을 끈 다음 우엉을 듬뿍 올려 낸다.

미소 채소 무침

우리나라 된장에 비해 짠맛이 적고
부드러운 일본 된장인 미소는 무침 소스를
만들기 적당합니다. 두부와 브로콜리,
컬리플라워를 미소 드레싱에 버무린
일본식 채소 무침이에요. 장아찌처럼
일품 요리를 먹을 때 함께 먹기 좋고
반찬으로 먹어도 좋지요.

• Ingredients •

브로콜리 ⅓개
컬리플라워 ¼개
껍질콩 10줄기
시치미 1작은술
두부 ⅓모

미소 드레싱

혼합 미소 ½컵
다시마 가다랑어 국물(p.9) ¼컵
맛술 ¼컵
청주 1¾큰술
매실청 1큰술
설탕 1큰술

• Recipe •

1. 브로콜리와 컬리플라워는 작은 송이로 나눠 끓는 물에 데치고 바로
   얼음물에 담갔다가 물기를 뺀다.
2. 껍질콩도 끓는 물에 데치고 바로 얼음물에 담갔다가 물기를 뺀다.
3. 브로콜리와 컬리플라워, 껍질콩을 한데 담고 시치미를 뿌려 섞는다.
4. 두부는 위에 면포를 깔고 무거운 것을 올려 물기를 빼고 1×4㎝,
   두께 2㎝로 썬다.
5. ④의 두부는 키친타월로 물기를 제거한 뒤 달군 팬에 기름을 둘러
   바싹 굽고 토치로 한 번 더 굽는다.
6. 냄비에 미소 드레싱 재료를 모두 넣고 미소를 풀어가며 약불에서
   10분간 끓여 걸쭉한 농도로 만든다.
7. 채소와 두부, ⑥의 미소 드레싱을 한 볼에 담고 가볍게 버무린다.

• 미소 드레싱은 바글바글 끓여서 병에 담아두면 두부나 토마토에
  뿌려 먹는 드레싱으로도 좋다.

컬러풀한 그릇으로 캐주얼 식탁을 만들어 보세요

가깝고 편한 친구들을 초대해서 가벼운 메뉴로 간단히 차려 먹는 자리라도
식탁의 분위기를 돋울 수 있는 그릇으로 멋을 부려 자리를 돋보이게 하세요.
메뉴가 분식이나 가볍게 먹는 일품일 때는 얌전한 그릇보다는 컬러풀한 그릇을 사용하면
캐주얼한 식탁 분위기와 함께 수다도 즐거워지죠. 초대한 사람들과
음식의 분위기에 따라 그릇의 스타일을 적절하게 매치해 봅니다.

간단하지만 배려가 돋보이는 간식

친목 도모 모임

식사 때는 아니지만 출출할 시간 우리 집을 찾은 손님에게 간단한 요깃거리를 내는 게 예의라 생각합니다. 교회에 다니는 제게는 종교 모임도 중요한 부분인데, 저희 집에서 성경 공부가 있는 날이면 간단한 수프와 샌드위치, 핑거 푸드를 1인분씩 한 접시에 담아 편안하게 먹을 수 있게 합니다.

The Menu of Gathering of Friends

구운 버섯 채소 샐러드
참치 샌드위치
단호박 냉수프

구운 버섯 채소 샐러드

버섯과 채소를 그릴 팬에 굽고 샐러드 채소와 곁들여 먹는 그릴드 샐러드는 불맛을 더해
고급스러움을 살린 게 특징입니다. 따뜻할 때 먹어도 좋고 식어도 그다지 맛에 변화가 없어 좋아요.
위에 치즈를 넉넉히 갈아 뿌리면 이탤리언 레스토랑 부럽지 않은 비주얼과 맛의 샐러드가 됩니다.

• Ingredients •

양송이버섯 6개
표고버섯 4개
느타리버섯 150g
가지 ⅓개
주키니 호박 ¼개
파프리카 ⅓개
소금 약간
후춧가루 약간
버터 레터스 1포기
라디치오 2장
루콜라 2~3뿌리
잣 1큰술
그라나파다노 치즈
식용유 적당량

버섯 밑간

올리브유 3큰술
마른 로즈메리 1작은술
타임 약간

드레싱

바질 잎 4장
올리브유 3큰술
다진 양파 2큰술
발사믹 글레이즈 1큰술
꿀 1큰술
씨겨자 ½큰술
다진 마늘 1작은술
소금 약간
후춧가루 약간

• Recipe •

1. 양송이버섯은 반 자르고, 표고버섯은 기둥을 떼고 3등분 한다.
   느타리버섯은 큼직하게 찢는다.
2. 가지는 1㎝ 두께로 어슷 썰고, 주키니 호박도 1㎝ 두께의
   한 입 크기로 썬다.
3. 파프리카는 가운데 씨를 제거하고 1㎝ 폭으로 세로로 썬다.
4. ①의 버섯에 밑간 재료를 뿌려 밑간한다.
5. 그릴 팬을 뜨겁게 달군 뒤 기름을 바르고 준비한 모든 버섯과 가지,
   호박, 파프리카를 올려 그릴 자국이 나게 구우면서 소금과 후춧가루를
   약간씩 뿌려 간한다.
6. 버터 레터스, 라디치오, 루콜라는 모두 한입 크기로 썬다.
7. 드레싱 재료 중 바질 잎은 곱게 다지고 나머지 드레싱 재료를 한데 섞어
   드레싱을 완성한다.
8. 구운 채소와 ⑥의 채소를 볼에 담고 드레싱을 뿌려 가볍게 버무린 뒤
   접시에 담고 위에 잣을 뿌리고 그라나파다노 치즈를 그라인더에
   갈아 뿌린다.

참치 샌드위치

가벼운 메뉴로 생각하기 쉬운 샌드위치를 수프와 함께 1인분씩 세트로 담아 내면 대접 받는 느낌을
줄 수 있습니다. 제 참치 샌드위치 맛의 비결은 레몬즙입니다. 소를 만들기 전 참치에 레몬 한 개를
꾹 짜 넣으면 참치 특유의 비릿한 맛을 없앨 수 있죠. 셀러리, 사과, 양파를 더해 아삭한 맛도 살립니다.

• Ingredients •

잡곡 식빵 6장
통조림 참치 1캔
레몬 1개
양파 ⅓개
셀러리 1대
사과 ⅓개
오이 피클 1개
양상추 잎 3~4장
달걀 2개
마요네즈 6큰술
씨겨자 2큰술
설탕 1작은술
꿀 1작은술
소금 약간

스프레드

마요네즈 3큰술
씨겨자 1큰술

• Recipe •

1. 통조림 참치는 체에 밭쳐 기름을 완전히 제거한 뒤 볼에 담고 레몬을
   꼭 짜서 즙을 넣는다.
2. 양파는 얇게 채 썰어 옅은 소금물에 10분간 담가 매운 맛을 뺀 뒤 물기를
   꼭 짠다.
3. 셀러리는 얇게 어슷 썰고, 사과는 껍질째 세로로 3등분한 뒤 가운데
   씨를 빼고 납작납작하게 얇게 썬다.
4. 오이 피클은 잘게 다지고, 양상추 잎은 얇게 채 썰어 얼음물에 담갔다가
   물기를 제거한다.
5. 달걀은 완숙으로 삶아서 흰자는 잘게 다지고 노른자는 곱게 으깬다.
6. ①의 볼에 양파와 셀러리, 사과, 오이 피클, 달걀을 넣어 골고루 섞는다.
7. ⑥에 마요네즈, 씨겨자, 설탕, 꿀을 넣고 잘 버무려 속을 만든다.
8. 스프레드 재료의 마요네즈와 씨겨자를 섞어 스프레드를 만든다.
9. 잡곡 식빵은 토스터에 굽거나 팬에 구워 한쪽 면에 스프레드를 바르고
   양상추 채를 올린 뒤 샌드위치 소를 듬뿍 얹는다.
   다른 식빵 한 장을 샌드한다.

단호박 냉수프

부드럽고 달달한 단호박은 보통 여자들이 좋아하죠. 찐 단호박에 꿀과 계핏가루를 뿌려 먹으면
건강한 간식이 됩니다. 우유와 연유로 부드러움을 더한 단호박 냉수프는 차게 마시면 더 고소해요.
묽게 만들어 음료처럼 마시기도 좋아 샌드위치와 궁합이 좋습니다. 출출할 때 마시면 좋죠.

• Ingredients •

단호박 ¾통(500g)
물 3컵
치킨 스톡 1개
우유 150㎖
생크림 60㎖
연유 3큰술
꿀 3큰술
소금 ⅓작은술

• Recipe •

1. 단호박은 깨끗이 씻어 길게 4등분하고 씨를 긁어낸 다음 껍질을 벗기고
듬성 듬성 썬다.

2. 냄비에 손질한 단호박과 분량의 물, 치킨 스톡을 넣고 한소끔 끓인 뒤
불을 약하게 줄여 단호박이 무르도록 푹 끓인다.

3. ②를 믹서에 모두 붓고 곱게 간 뒤 우유와 생크림, 연유, 꿀, 소금을 넣어
다시 한 번 간다.

4. ③의 수프를 냉장고에 넣어 차게 식힌 뒤 먹기 전에 그릇에 담는다.

먹기 좋게 1인분씩 세팅하면 좋아요

식사하기는 부담스러울 때 간단하게 배를 채우기 좋은 메뉴가 샌드위치죠.
손님을 대접할 때는 샌드위치 하나 달랑 내는 것보다 샐러드나 수프를 함께 내는 게
기분 좋게 대접하는 방법입니다. 많은 양을 내는 게 아니므로 큼직한 접시에
샌드위치와 수프나 샐러드를 함께 담아 냅니다. 샌드위치 접시와 수프 볼을
세트로 맞추거나 컬러를 매치시켜 센스 있게 세팅하세요.

가까운 지인들을 위한 여름 보신 메뉴

한여름 보양 식탁

여름이면 시댁 식구들 한 30명쯤 모여 큼직한 민어로 고추장 매운탕을 끓여
먹어요. 그 많은 사람들이 북적대며 다들 큰 대접 하나씩 들고 보약 먹듯이
민어 매운탕을 떠먹는 모습은 마치 정겨운 파티를 하는 듯 하죠. 저도 가끔
편하고 친한 지인들을 불러서 민어 매운탕을 대접하기도 합니다.

The Menu of Healthy Food

수삼 마 귤 샐러드
민어 매운탕
해물 김치 감자전
오미자 에이드

수삼 마 귤 샐러드

수삼과 마, 배, 밤, 대추, 귤 등 몸에 좋은 재료를 더한 건강하고 상큼한 맛의 냉채 샐러드예요.
유자 드레싱의 향긋함이 잘 어울리는 고급 샐러드죠. 재료는 모두 가늘게 채 썰어 한 입에 가볍게 먹을 수
있도록 하는 게 좋습니다. 입맛을 개운하게 하는 전채로 내도 좋고, 다른 음식과 곁들여 먹어도 좋아요.

• Ingredients •

수삼 2뿌리
마 ⅓개
셀러리 ⅓대
배 ⅓개
귤(또는 오렌지) 1개
밤 4개
대추 3개

유자 드레싱

플레인 요구르트 2½큰술
유자청 1큰술
식초 ½큰술
레몬즙 1작은술
연겨자 1작은술

• Recipe •

1. 수삼은 흙이 없도록 깨끗이 씻고 4㎝ 길이로 필러로 얇게 민 다음
찬물에 담가둔다.
2. 마는 껍질을 벗겨 4㎝ 길이로 채 썰고, 셀러리도 4㎝ 길이로 채 썬다.
3. 배는 껍질을 벗기고 가운데 씨를 도려낸 뒤 마와 비슷한 크기로 채 썬다.
4. 귤은 한 쪽씩 나누고 흰 속껍질을 최대한 깨끗하게 떼어낸다.
5. 밤은 속껍질까지 깨끗이 제거해 얇게 편으로 썬다.
6. 대추는 가운데 씨를 제거해 곱게 채 썬다.
7. 분량의 유자 드레싱 재료를 한데 섞는다.
8. 먹기 직전에 준비한 재료를 모두 볼에 담고 유자 드레싱을 뿌려
가볍게 버무려 낸다.

민어 매운탕

7월 말에서 8월 말까지 민어를 구입해 도톰하게 포떠서 스테이크를 굽기도 하고, 매운탕도 끓입니다.
민어는 담백하고 맛이 풍부한 보양 생선이에요. 민어 매운탕은 고추장을 듬뿍 넣는 게 맛있죠. 여름에 한창
맛이 오른 둥근 호박과 양파를 큼직하게 썰어 넣으면 양념을 많이 하지 않아도 깊고 진한 맛을 낼 수 있습니다.

• Ingredients •

민어 3kg
둥근 호박 1개
양파 2개
청양고추 3개
대파 흰부분 2대 분량
멸치 국물(p.9) 3컵

민어 밑간

청주 1큰술
국간장 1큰술
후춧가루 약간

양념장

고추장 3큰술
고춧가루 2큰술
다진 마늘 2큰술
멸치액젓 1큰술
참치액 1큰술
맛술 1큰술
간 생강 1작은술

• Recipe •

1. 민어는 비늘을 긁고 배를 갈라 내장을 뺀 뒤 4~5㎝ 길이로 자른 다음
끓는 물을 부어 3분간 담가두었다가 찬물에 씻고 물기를 뺀다.
부레와 알은 깨끗이 씻어 따로 둔다.

2. 손질한 민어는 몸통 부분만 분량의 밑간 양념에 버무려 20분간 잰다.

3. 둥근 호박은 열십자(+)로 자른 뒤 길이를 3등분하고,
양파는 사방 2㎝ 크기로 깍둑 썬다.

4. 청양고추와 대파는 어슷 썬다.

5. 분량의 양념장 재료는 한데 섞는다.

6. 냄비에 멸치 국물을 부어 끓어오르면 민어 머리와 꼬리를 넣고
양념장을 풀어 10분간 끓인다.

7. 국물이 끓을 때 ②의 밑간한 민어와 부레, 알을 넣고 10분간 더 끓인 뒤
둥근 호박과 양파, 대파, 고추를 넣고 5분 정도 끓인다.

• 민어는 끓는 물에 살짝 데치면 살이 단단해져 잘 부서지지 않고
잡내를 없앨 수 있다.

해물 김치 감자전

김치 부침개는 상에서 늘 존재감 없는 음식이 아닌가 싶습니다. 이런 존재감 없는 부침개에 해물과
감자만 더해도 맛과 비주얼이 한결 좋아지죠. 이 부침개에서 포인트는 감자를 맨 마지막에 넣는 거예요.
그래야 전분이 반죽에 빠지지 않아 바삭하고 고소한 부침개가 되거든요.

• Ingredients •

배추김치(잘 익은 것) 150g
새우(중하) 5마리
오징어 ⅓마리
조갯살 50g
참기름 1큰술
후춧가루 약간
풋고추 1개
홍고추 1개
부침가루 ⅓컵
밀가루 ¼컵
달걀 1개
물 ¼컵
감자(큰 것) 1개
들기름 적당량

• Recipe •

1. 김치는 속을 털고 국물을 대강 짠 다음 송송 썬다.
2. 새우는 머리와 꼬리, 껍질을 제거해 다진다.
3. 오징어는 껍질을 벗겨 채 썬 뒤 다지고, 조갯살도 다진다.
4. 해물은 모두 볼에 담고 참기름과 후춧가루를 뿌려 조물조물 무친다.
5. 풋고추와 홍고추는 반 갈라 씨를 털고 곱게 다진다.
6. 볼에 김치와 해물, 고추를 넣고 부침가루와 밀가루, 달걀을 넣어 섞은 뒤
　　분량의 물을 부어가며 약간 뻑뻑할 정도로 반죽한다.
7. 감자는 껍질을 벗기고 채칼로 곱게 채 썰어 ⑥의 반죽에 섞는다.
8. 달군 팬에 들기름을 두르고 반죽을 한 국자 떠 올려 앞뒤로
　　노릇하게 지져낸다.

• 감자를 처음부터 넣고 반죽하면 감자에서 전분이 빠져나와 반죽이
　되직해지고 바삭하게 부쳐지지 않는다. 감자는 부치기 직전에 넣어 반죽한다.

4

6-1

6-2

7

오미자 에이드

여름 더위를 날리고 잃었던 입맛을 되살리는 음료로 오미자만한 게 없죠. 식사 후 더위도 식히고
민어 매운탕으로 텁텁해진 입맛을 깔끔하게 정리할 수 있게 차가운 오미자 에이드를 냅니다.
레몬으로 장식하면 색감이 한결 예뻐요.

• Ingredients •

탄산수 4컵
오미자청 2컵
얼음 1컵
레몬 ½개
시럽 적당량

• Recipe •

1. 탄산수에 오미자청을 넣어 섞고 얼음을 띄운 뒤 기호에 따라 시럽을
   첨가한다.
2. ①에 레몬을 반달 모양으로 얇게 잘라 얹어 맛과 장식을 더한다.

격식 차리지 않아도 되는 편안한 그릇을 사용하세요

더위를 날리고 지친 몸을 보신하는 음식을 여럿이 편안하게 둘러 앉아
땀 흘리며 먹는 자리는 격식을 차리면 오히려 불편합니다.
그릇의 짝이 맞지 않더라도 좋습니다. 구색만 갖춰 편안한 자리를 만들어 보세요.
대신 비슷한 그릇으로 분위기만 맞추세요. 서양식기와 한식기가
한데 섞이지 않도록 하면 더 좋고요. 큼직한 상 하나 펴 놓고
편하게 양반다리 하고 앉아 이야기하며 음식을 나눠 먹는 재미도 쏠쏠합니다.

우리의 문화도 함께 대접한다

외국 손님 초대

해외 입양아들을 집으로 초대해서 그들의 외국인 부모와 함께 식사를 한 적이 있습니다. 우리가 사는 모습을 그대로 보여주는 게 진심을 표현하는 거라고 생각했어요. 특히 음식은 문화와 나라를 이해하는 데 큰 도움이 된다고 생각합니다. 우리나라 음식을 대접할 때도 그들의 취향과 종교를 고려해서 메뉴를 선택하는 게 좋습니다.

The Menu of Foreign Guest

전복 미역 죽
생선전
들깨 겨자 소스 쇠고기 묵은지 냉채
불갈비
아이스크림을 얹은 호떡

전복 미역 죽

식사 전에 먹는 수프를 대신해 밥을 곱게 갈아 우유를 넣고 부드럽게 끓인 죽이에요. 수프처럼 부드러워
외국인들에게도 부담 없는 메뉴죠. 미역과 전복은 맛의 궁합이 잘 맞는 재료입니다. 외국인들은
미끄러운 미역이 생소할 수 있으니 조금만 넣으세요.

• Ingredients •

마른 미역 1줄
전복 3마리
화이트 와인 1큰술
따뜻한 밥 ⅔컵
참기름 2작은술
국간장 1작은술
우유 1컵
소금 약간
후춧가루 약간
물 2⅓컵

• Recipe •

1. 미역은 물에 충분히 불려 바락바락 주물러 씻은 뒤 헹구고 잘게 썬다.

2. 전복은 조리용 솔로 구석구석 문질러 닦고 물에 헹군 뒤 냄비에
화이트 와인과 함께 넣어 1분간 찐다.

3. ②의 전복은 껍데기를 제거하고 이빨과 내장을 손으로 뗀 뒤
얇게 저민다.

4. 믹서에 밥과 참기름 1작은술을 넣고 물 ⅓컵을 부어 곱게 간다.

5. 냄비에 미역과 참기름 1작은술을 넣어 볶는다.

6. 미역이 어느 정도 볶아지면 전복을 넣어 살짝 볶고 국간장을 넣어
한소끔 볶은 뒤 믹서에 간 ④의 밥과 물 2컵을 붓는다.

7. 중불로 줄여 5분 정도 끓이고 다시 불을 약하게 줄여 5분간 더 끓인다.
끓이는 동안 잘 젓는다.

8. 다시 중불로 올린 뒤 우유를 붓고 끓어오르면 바로 불을 끈다. 마지막에
소금과 후춧가루로 간을 한다

• 죽을 끓일 때에는 바닥에 눌지 않도록 계속해서 저어가며 끓인다.

생선전

빈대떡이나 부침개 등의 부침류와 전류는 외국인들도 좋아하는 메뉴죠. 특히 생선전을 좋아하는데,
따끈하게 부친 생선전은 와인 안주로도 좋습니다. 저는 생선전을 할 때 항상 홍메기살을 이용해요.
동태전에 비해 한결 쫄깃하죠. 곁들이는 초간장은 곱게 다진 잣을 올리면 고급스럽습니다.

• Ingredients •

냉동 홍메기살 300g
소금 약간
후춧가루 약간
참기름 2큰술
다진 마늘 1작은술
달걀 4개
밀가루 적당량
식용유 적당량

초간장

맛간장(p.8) 1큰술
식초 1작은술
잣 1작은술

• Recipe •

1. 냉동 홍메기살은 흐르는 물에 씻어 썰기 좋을 정도로 해동한 뒤
   키친타월로 물기를 제거하고 0.5㎝ 두께로 포를 뜬다.
2. ①을 키친타월 위에 올려 완전히 해동하고 면포에 올려 손으로 물기를
   꼭 짠다.
3. ②의 홍메기살에 소금과 후춧가루를 뿌리고 참기름과 다진 마늘을 섞어
   발라 약 10분간 잰다.
4. 달걀은 곱게 푼다.
5. 홍메기살에 밀가루를 가볍게 묻히고 달걀물에 적신 뒤 기름을 두른
   달군 팬에 올려 앞뒤로 노릇하게 굽는다.
6. 맛간장에 식초를 섞고 잣을 곱게 다져 올려 초간장을 만든다.
7. 생선전과 초간장을 곁들여 낸다.

• 생선 커틀릿을 만들 때 주로 사용하는 홍메기살은 가시가 없고 부드러우며
  고소한 맛이 좋다.
• 생선살에 참기름과 다진 마늘을 섞어 발라 밑간하면 생선 맛이 풍부해지고
  비린 맛도 덜하다.
• 홍메기살 대신 대구살이나 동태살로 전을 부쳐도 된다.

들깨 겨자소스 쇠고기 묵은지 냉채

차돌박이와 묵은지, 더덕, 오이, 배 등 여러 가지 재료를 한 번에 맛볼 수 있는 냉채예요.
특히 차돌박이와 아작한 묵은지의 조화가 일품이죠. 들깨 겨자 소스에 버무려 고소함과
톡 쏘는 맛도 좋구요. 의외로 외국인들에게 인기 좋은 고급스러운 메뉴입니다.

• Ingredients •

쇠고기(차돌박이) 200g
맛간장(p.8) 2큰술
청주 1작은술
묵은지 줄기 200g(약 6줄기)
더덕 3~4뿌리
소금 약간
후춧가루 약간
식용유 약간
오이 1개
배 ½개
적양파 ⅓개
경수채(교나) 50g
밤 3~4개
감말랭이 ½컵

들깨 겨자 소스

양파 ¼개
카놀라유 ¼컵
물 ⅓컵
들깨가루 5큰술
설탕 1½큰술
식초 1½큰술
레몬즙 1큰술
연겨자 ⅓큰술
꿀 ⅓큰술
소금 1작은술

• Recipe •

1. 쇠고기는 맛간장과 청주에 10분간 잤다가 달군 팬에 굽고
   바로 얼음에 올려 식힌다.
2. 묵은지는 줄기만 준비해 4㎝ 길이로 채 썬다.
3. 더덕은 얇게 어슷 썰어 소금과 후춧가루로 간한 뒤 달군 팬에
   기름을 둘러 볶고 식힌다.
4. 오이는 반 갈라 숟가락으로 가운데 씨를 긁어낸 뒤 어슷 썰고,
   배는 껍질을 벗겨 1×4㎝ 크기로 얇게 썬다.
5. 적양파는 채 썰어 찬물에 담가 매운 맛을 뺀 뒤 물기를 제거하고,
   경수채는 5㎝ 길이로 썬다.
6. 밤은 속껍질까지 깨끗이 벗겨 얇게 편으로 썬다.
7. 감말랭이는 3등분 정도로 채 썬다.
8. 들깨 겨자 소스 재료 중 양파는 채 썰어 물에 담가 매운 맛을 뺀 뒤
   물기를 제거한다.
9. 들깨 겨자 소스 재료 중 들깨가루를 제외한 모든 재료를 믹서에 곱게 간다.
   버무리기 직전에 들깨가루를 섞는다.
10. 준비한 모든 재료를 볼에 담고 들깨 겨자 소스를 뿌려 가볍게 버무린다.

• 쇠고기는 구워 바로 얼음에 식히면 탄력이 생겨 맛이 좋아진다.
• 소스를 만들 때 들깨가루를 미리 넣으면 되직해지므로 버무리기 직전에
  들깨가루를 넣어 섞는다.

불갈비

갈비는 구이나 찜에 관계없이 어느 상에 올리던 고급스러운 음식입니다. 그만큼 식사하는 사람도
대접 받고 있다는 느낌을 받을 수 있고요. 둘둘 말려 있는 큼직한 생갈비를 양념에 재었다가 팬에 굽고
토치로 한 번 더 구워 불맛을 내면 폼 나는 우리 음식을 제대로 대접할 수 있을 겁니다.

• Ingredients •

쇠갈비 1.2kg
새송이버섯 3개
참기름 적당량
식용유 약간

갈비 양념

배 ¼개(배즙 3큰술)
간장 ½컵
청주 ⅓컵
설탕 ¼컵
참기름 2큰술
꿀 1큰술
다진 마늘 1큰술
후춧가루 약간

• Recipe •

1. 쇠갈비는 불갈비용으로 준비해 칼등으로 자근자근 두드려
　　살을 연하게 한다.
2. 갈비 양념 재료 중 배는 껍질을 벗기고 강판에 곱게 간 뒤 면포에 짜서
　　즙을 낸다.
3. 큰 볼에 배즙과 나머지 분량의 갈비 양념을 고루 섞고 ①의 갈비를 넣어
　　양념한 뒤 30분 이상 잰다.
4. 새송이버섯은 모양대로 도톰하게 썰고 달군 팬에 참기름을 둘러
　　노릇하게 굽는다.
5. 그릴에 식용유를 약간 바르고 갈비를 올려 앞뒤로 뒤집어가며 타지 않게
　　반 정도 굽고 토치로 다시 한 번 구워 불맛을 낸다.

• 배는 갈아서 그냥 넣으면 구울 때 탈 수 있으니 즙을 짜 넣는다.
• 토치가 없을 때는 그릴팬 위에 올려 센 불에 굽거나 또는 석쇠 위에 올려
　굽는다.

아이스크림을 얹은 호떡

행사 차 터키에 갔을 때예요. 호떡 반죽과 비슷한 것이 있어서 견과류를 듬뿍 넣고 기름에 구워
아이스크림과 함께 냈더니 외국인들을 비롯해 셰프들이 엄청 많이 먹던 기억이 있습니다.
시판 호떡 믹스에 견과류를 더해 소를 만들면 한층 맛있습니다.

• Ingredients •

시판 호떡 믹스 1팩
따뜻한 물 180㎖
(40~45℃)
바닐라 아이스크림 1컵
콩가루 1큰술
식용유 적당량

호떡 소

피스타치오 ¼컵
아몬드 ¼컵
흑설탕 2큰술
꿀 1큰술

• Recipe •

1. 분량의 따뜻한 물에 호떡 믹스 패키지 속의 이스트를 넣어 잘 섞는다.
2. ①에 호떡 믹스 가루 1봉지를 넣어 찰기가 생길 때까지 5~10분 정도
   골고루 반죽한다.
3. 피스타치오와 아몬드는 각각 잘게 다져 한 볼에 담고 흑설탕과
   꿀을 섞어 호떡 소를 만든다.
4. 손에 반죽이 붙지 않게 기름을 약간 바르고 ②의 호떡 반죽을
   탁구공만큼 떼어 둥글게 반죽한 뒤 납작하게 펴서 가운데
   호떡 소를 한 수저 떠 올린다.
5. 소가 빠지지 않게 반죽을 잘 오므리고 기름을 두른 달군 팬에 올려
   눌러가며 앞뒤로 노릇하게 굽는다.
6. 호떡 위에 바닐라 아이스크림을 한 스쿱 떠 올리고 콩가루를 솔솔 뿌린다.

우리의 미가 느껴지는 그릇으로 세팅하세요

외국인을 초대할 때는 불고기나 갈비, 전, 가벼운 무침 등 우리의 음식으로
상을 차리는 게 좋습니다. 음식은 그 나라의 문화를 이해하는 데 도움을 주기 때문이죠.
한식 상차림, 특히 초대상에 캐주얼한 그릇을 사용한다면 격이 떨어지거나 음식의 참된 맛을
느끼지 못할 수도 있습니다. 우리 음식을 잘 이해할 수 있도록, 그리고 상차림이 돋보이도록
단정하고 깔끔한 한식기를 사용하세요.
테이블 매트나 수저 등도 분위기를 맞춰
세팅한다면 우리의 맛과 멋을 동시에
보여줄 수 있는 테이블이 될 겁니다.

02

특별한 날 감동을 더하는
즐거운 식탁

일 년에 한 번뿐인 날, 그래서 더 특별하게 보내고 싶은 날이 있습니다. 그리고 여러 사람과 마음을 나누고 싶은 날도 있죠. 이런 날 자리를 빛내주는 게 음식입니다. 새해 첫날 덕담으로 아침을 시작하고, 일 년을 마무리하는 기분 좋은 크리스마스를 따뜻하게 보내고, 음식 하나씩 싸와서 수다 떨며 파티를 하고, 가족을 위해 맛있게 도시락을 싸고, 몸 아픈 지인을 생각해 음식 싸서 문병 가고… 상황에 따라 음식으로 마음을 전할 수 있게 도와 줄 메뉴를 소개합니다. 대접하는 마음도 대접 받는 마음도 흐뭇하게 만들 정겹고 따뜻한 음식을 만나보세요.

§

MENU COMPOSITION

설날, 크리스마스, 집들이 등 특별한 날에
추억을 만들어 줄 메뉴 짜기.
음식 선물을 위한 신선한 메뉴 제안.

설날 아침상

포트럭 파티

집들이

병문안 특별식

저칼로리 영양식

도시락

크리스마스 디너

와인 테이블

티 테이블

• 설날 아침상

느끼한 명절 음식과 함께 매콤하고 시원한 냉채를 함께 내면 느끼함을 덜고 입맛도 돋울 수 있다. 상큼한 과일 샐러드로 입맛을 깔끔하게 마무리한다.

New year's Day

만둣국 / p.144

육전 & 연근 새우전 / p.146

물미역 조갯살 냉채 / p.148

과일 잣 샐러드 / p.150

• 포트럭 파티

여러 사람 입맛에 맞는 특별한 메뉴를 가져 간다. 폼 나고 맛있는 장어 덮밥과 집어 먹기 좋은 닭강정, 느끼함을 덜어 줄 당면 생채. 그리고 담백한 찹쌀 케이크로 마무리.

Potluck

장어 지라시 덮밥 / p.154

중국식 당면 생채 / p.156

매콤 닭강정 / p.158

찹쌀 케이크 / p.160

• 집들이

뷔페는 든든한 식사가 돼야 한다. 유부초밥으로 허기를 가시게 하고 샐러드로 입맛을 돋운 뒤 한 입에 먹기 좋은 돼지고기 튀김으로 술 한 잔, 그리고 디저트는 브라우니로.

Housewarming Party

리코타 치즈 무화과 샐러드 / p.164
유부초밥과 꼬마김밥 / p.170

문어 감자 샐러드 / p.166

고추소스를 곁들인 새우 구이 / p.168
브라우니 / p.174

돼지갈비 튀김 / p.172

• 병문안 특별식

환자에게는 부드러운 죽이나 수프가 제격이다. 죽과 수프, 그리고 죽을 먹을 때 입맛 돋우는 시원한 오이 백김치와 스태미너식으로 그만인 전복찜으로 영양식 구성.

Diets for Patients

북어 두부 죽 / p.178　　　홍콩식 해물 수프 / p.180　　　오이 백김치 / p.182　　　전복 술찜 / p.184

• 저칼로리 영양식

다이어트 할 때는 칼로리는 낮고 포만감을 줄 수 있는 메뉴가 좋다. 부드러운 렌틸콩 수프와 곤약국수, 채소를 듬뿍 넣어 포만감을 주는 월남쌈의 조화는 영양까지 채운다.

A Light Lunch

렌틸콩 수프 / p.188　　　동치미 곤약국수 말이 / p.190　　　월남쌈 / p.192

• 도시락

도시락으로는 국물이 생기지 않고 냄새가 나지 않는 음식이 좋다. 건강 영양밥과 김치 대신 무말랭이 무침, 달걀찜, 식어도 맛있는 생선 데리야키, 깔끔한 우엉 샐러드로 구성.

Lunch Box

차조 영양밥 / p.198　　　무말랭이 오징어채 무침 &　　　깨소스 우엉 샐러드 / p.202　　　홍메기살 데리야키 / p.204
　　　　　　　　　　　　게살 달걀찜 / p.200

• 크리스마스 디너

라클렛을 메인으로 준비하고 추운 날씨에 몸을 녹이고 속 든든히 채우는 수프 굴라시, 일품으로도 좋은 껍질콩 토마토 샐러드는 크리스마스의 분위기를 업그레이드시킨다.

Christmas Party

굴라시 / p.210   껍질콩 토마토 샐러드 / p.212   라클렛 / p.214

• 와인 테이블

와인과 잘 어울리는 생선회, 치즈, 스테이크를 한자리에 모았다. 메뉴 모두 개별 안주로 가볍게 먹어도 좋고, 한데 모으면 식사로도 충분하다.

Wine and Dine

광어 카르파치오 / p.220   클래식 감자 그라탱 / p.221   건 자두를 넣은 돼지 안심 스테이크 / p.222   곶감 치즈 말이 / p.224

• 티 테이블

부드러운 밀크티와 달달한 핫 초콜릿으로 손님의 기호를 맞춘다. 손수 구운 케이크 하나 정도 더해 디저트 테이블뿐 아니라 간단히 차를 마시는 자리를 북돋운다.

Tea Time

밀크티 & 핫 초콜릿 / p.230   천도복숭아 처트니를 올린 아이스크림 / p.232   쑥 퐁당 케이크 / p.234

산뜻한 음식을 더해 느끼하지 않게 장만한

설날 아침상

손은 많이 가는 데 막상 차려 놓으면 먹을
짓이 없는 게 명절 음식이죠. 저희는 명절
때 육전을 필수로 준비합니다. 그리고 다른
전은 때에 따라 바꿔가며 준비하고 새해 첫
날 꼭 먹어야 하는 만둣국과 느끼한 입맛
을 정리하고 식욕을 돋우는 매콤하고 깔끔
한 음식 한두 가지를 더해 상을 차립니다.

The Menu of New Year's Day

만둣국
육전 & 연근 새우전
물미역 조갯살 냉채
과일 잣 샐러드

만둣국

만두는 재료가 많이 들어가는 만큼 손이 많이 가는 음식이지만 넉넉히 만들어 냉동실에 보관해 두면
겨우내 마음이 든든합니다. 시아버지가 만두를 좋아하셔서 만둣국을 종종 끓이는데, 양지머리 육수를
맑게 내서 꾸미를 얹고 소금으로 간을 하면 사골 국물에 비해 담백하고 깔끔합니다.

• Ingredients •

쇠고기(양지머리) 300g
물 6컵
시판 만두피 30장
다진 돼지고기 200g
다진 쇠고기 100g
숙주나물 150g
배추김치 ⅛포기
두부 ⅓모(100g)
대파 1대
달걀 1개
소금 약간
참기름 약간
국간장 1큰술

향채

양파 ¼개
대파 ⅓대
통후추 4~5알
마늘 4쪽

양지머리 양념

참기름 ½큰술
다진 파 1작은술
다진 마늘 1작은술
고춧가루 1작은술
국간장 1작은술
설탕 약간
후춧가루 약간

다진 고기 밑간

다진 마늘 ½큰술
참기름 1큰술
소금 1작은술
후춧가루 약간

• Recipe •

1. 양지머리는 찬물에 1시간 정도 담가 핏물을 뺀다.
2. 냄비에 분량의 물을 붓고 향채를 넣어 팔팔 끓이다가 ①의 양지머리를
   넣고 한소끔 끓인 뒤 약불로 줄여 40분 이상 끓인다. 국물은 고운 체에
   거르고 고기는 3~4㎝ 길이로 쪽쪽 찢어 양지머리 양념에 무쳐 따로 둔다.
3. 다진 돼지고기와 다진 쇠고기는 한데 섞고 분량의 다진 고기 밑간 재료를
   넣어 가볍게 주물러 밑간한다.
4. 숙주나물은 끓는 물에 데친 뒤 바로 찬물에 헹구고 물기를 꼭 짠 다음
   송송 썬다.
5. 배추김치는 속을 털어 송송 썰고 국물을 꼭 짠다.
6. 두부는 위에 면포를 깔고 무거운 것을 올려 물기를 뺀 뒤 칼 면으로
   으깨고 면포에 싸서 물기를 꼭 짠다.
7. 대파는 송송 썬다.
8. 달걀은 곱게 지단을 부쳐 3~4㎝ 길이로 채 썬다.
9. 큰 볼에 ③~⑦의 재료와 소금, 참기름을 약간씩 넣고 고루 섞어
   만두 속을 만든다.
10. 만두피 가운데에 만두 속을 적당량 떠 올리고 만두피 가장자리에
    물을 발라 벌어지지 않게 꼭꼭 눌러가며 만두를 빚는다.
11. 냄비에 ②의 양지머리 육수 4컵을 부어 한소끔 끓인 뒤 국간장으로
    간을 하고 만두를 넣어 끓인다.
12. 만두가 익으면 모자라는 간은 소금으로 맞추고 그릇에 담은 뒤
    지단 채와 ②의 쇠고기를 고명으로 얹어낸다.

만두에 두부와 양파를 많이 넣지 마세요
고기에 잘 익은 김장김치를 송송 썰어 넣고, 각종
채소를 더해 빚은 만두는 일품이죠. 각 재료는 물
기를 꼭 짜고 각각 갖은 양념을 한 뒤 파를 넉넉
히 넣으면 부드러운 만두가 됩니다. 두부와 양파를
많이 넣으면 깔끔한 맛이 없으므로 적게 넣는 게
좋아요. 만두는 빚어서 바로 먹을 게 아니라면 김
오른 찜통에 한 번 쪄서 식힌 뒤 냉동해 두세요.

육전 & 연근 새우전

명절 상을 차릴 때 늘 먹던 전이 아닌 새로운 전을 올리기만 해도 상차림이 달라질 겁니다.
친정 어머니께서 집안 행사가 있는 날이면 꾸리살을 불고기보다 약간 도톰하게 썰어 육전을 부치셨어요.
그래서 저도 명절 때는 꼭 육전을 준비합니다. 새우 살로 소를 만든 연근전도 맛과 모양 모두 일품이죠.

육전

• Ingredients •

쇠고기(꾸리살) 300g
밀가루 1컵
달걀물 3개 분량
식용유 적당량

쇠고기 밑간

소금 약간
후춧가루 약간
참기름 1큰술

• Recipe •

1. 쇠고기는 약 0.4㎝ 두께로 불고기보다 약간 두껍게 썰고 키친타월로
   눌러 핏물을 제거한다.
2. 분량의 쇠고기 밑간 재료를 섞어 ①의 쇠고기에 붓으로 발라 20~30분
   정도 잰다.
3. 밑간한 쇠고기는 밀가루를 가볍게 입히고 달걀물에 적신 뒤 기름을
   두른 달군 팬에 올려 앞뒤로 노릇하게 지져낸다.

연근 새우전

• Ingredients •

연근 300g
새우(중하) 7~8마리
영양부추 30줄기
메밀가루 2큰술
달걀 1개
소금 ¼작은술

새우 밑간

청주 1큰술
참기름 1큰술
후춧가루 약간

• Recipe •

1. 연근은 껍질을 벗겨 ⅔는 커터에 곱게 갈고, ⅓은 0.5㎝ 두께로
   슬라이스 해서 옅은 식촛물에 담가둔다.
2. 새우는 머리와 껍질, 꼬리를 제거한 뒤 곱게 다지고 새우 밑간 양념을
   넣어 무친다.
3. 영양부추는 1㎝ 길이로 썬다.
4. 볼에 연근 간 것과 새우, 영양부추, 메밀가루, 달걀, 소금을 넣어
   골고루 섞는다.
5. 슬라이스한 연근 위에 ④의 반죽을 1숟가락 떠 올린 뒤
   다른 연근 슬라이스를 위에 올리고 기름을 두른 달군 팬에 앞뒤로
   노릇하게 굽는다.

물미역 조갯살 냉채

기름진 음식이 많은 명절 상에는 입맛을 깔끔하게 해 줄 음식이 필요합니다. 유자청을 더해 새콤달콤한
고추장 양념에 무친 물미역 조갯살 냉채는 텁텁하고 느끼해진 입맛을 깔끔하게 만들기 충분할 거예요.
또한 중간중간 입맛을 정리해 줘 식욕도 돋게 하고요. 서리태까지 더해 씹는 맛도 좋습니다

• Ingredients •

마른 미역 20g
조갯살 150g
소금 적당량
서리태 ½컵
청오이 1개
양파 ½개

냉채 양념

식초 4큰술
고추장 2큰술
맛간장(p.8) 2큰술
레몬즙 2큰술
참기름 2큰술
설탕 1큰술
물엿 1큰술
유자청 1큰술
생 와사비 ½큰술
다진 마늘 1작은술
통깨 약간

• Recipe •

1. 마른 미역은 물에 충분히 불려 바락바락 주물러 씻고 흐르는 물에
   헹군다. 끓는 물에 데친 뒤 물기를 꼭 짜고 3~4㎝ 길이로 자른다.
2. 조갯살은 옅은 소금물에 흔들어 씻고 끓는 물에 살짝 데친 뒤
   체에 밭쳐 물기를 뺀다.
3. 서리태는 물에 한나절 이상 불린 뒤 30분 정도 무르게 삶고 물기를 뺀다.
4. 청오이는 4㎝ 길이로 가늘게 채 썰고, 양파도 가늘게 채 썰어 찬물에
   담가 매운 맛을 뺀다.
5. 분량의 냉채 양념을 한데 섞는다.
6. 준비한 ①~④의 재료를 모두 볼에 담고 냉채 양념을 넣어 버무린다.

• 모든 재료는 손질 후 물기를 뺀 다음 냉장고에 넣어 차게 두었다가 버무리면
  시원함을 더할 수 있다.
• 미리 버무려 두면 물이 많이 생기므로 먹기 전에 버무리는 게 좋다.

과일 잣 샐러드

촌스럽지만 정겨운 맛이 그리울 때가 있죠. 엄마가 해주던 '과일 사라다'가 먹고 싶을 때가 있습니다.
잣을 넉넉히 다져 고소하게 만들어 주시던 엄마의 손맛이 기억납니다. 다진 잣은 고소함을 살리고
샐러드에 물이 생기는 것도 막아줘요. 단단한 과일과 밤, 삶은 달걀이 꼭 들어가야 맛있어요

• Ingredients •

사과 1개
배 1개
단감 1½개
밤 10개
잣 ⅓컵
파슬리 약간
달걀 4개
마요네즈 ½컵

• Recipe •

1. 사과는 껍질째 깨끗이 씻고 열십자(+)로 4등분 한 뒤 가운데 씨를
   도려내고 약 0.2㎝ 두께로 나박나박 썬다.
2. 배는 껍질을 벗기고 열십자(+)로 4등분(큰 것은 6등분) 한 뒤 가운데
   씨를 도려내고 사과와 같은 두께로 나박나박 썬다.
3. 단감은 꼭지를 떼고 껍질을 벗긴 뒤 열십자(+)로 4등분하고 사과와 같은
   두께로 나박나박 썬다.
4. 밤은 속껍질까지 깨끗이 벗기고 모양대로 나박나박 썬다.
5. 잣과 파슬리는 각각 바닥에 키친타월을 깔고 곱게 다진다.
6. 달걀은 완숙으로 삶고 흰자와 노른자를 나눠 흰자는 굵은 체에 내리고
   노른자는 곱게 으깬 뒤 마요네즈에 버무린다.
7. 준비한 모든 재료를 볼에 담고 잘 버무려 그릇에 담는다.

상을 차릴 때 새해 선물이나 세뱃돈을 함께 놓아보세요

새해 첫날의 아침상은 특별합니다. 가족 모두 빙 둘러 앉아 안위와 행복을 기원하며 덕담 한 마디씩
하는 자리죠. 그리고 선물도 준비하고 어른들께는 용돈을 아이들에게는 세뱃돈을 주기도 합니다.
아침상을 차릴 때 음식과 함께 선물이나 세뱃돈을 곱게 포장해서 상에 함께 올립니다.
세뱃돈도 그냥 주는 것보다 봉투에 담아 포장하면 한결 정성스럽거든요. 식사를 하며
새해 인사를 나누는 아침 식사 자리는 밝고 행복한 자리가 될 겁니다.

색다른 음식을 나눠 먹는 재미가 쏠쏠한

포트럭 파티

모임에 참석하는 사람들 각자 음식을 한두 가지씩 준비해서 뷔페처럼 나눠
먹는 포트럭은 가장 자신 있는 음식을 준비하게 마련이죠. 아무리 내가 잘하
는 음식이라도 호불호가 갈리는 음식보다 누구나 좋아할 수 있는 음식을 준
비하는 게 중요합니다. 주변 분들의 호응이 좋았던 메뉴 몇 가지 소개합니다.

The Menu of Potluck

장어 지라시 덮밥
중국식 당면 생채
매콤 닭강정
찹쌀 케이크

장어 지라시 덮밥

포트럭 파티를 할 때도 밥이 빠지면 왠지 섭섭하죠. 흔한 김밥이나 볶음밥 대신 장어를 활용한 덮밥을
준비해 보세요. 고급 식재료인 장어는 포트럭에서도 인기가 좋거든요. 밥을 고슬하게 지어 단촛물로 간을
하고 특제 소스를 발라가며 구운 장어를 올립니다. 그 위에 깻잎을 듬뿍 올리면 장어의 느끼함을 덜 수 있어요.

• Ingredients •

장어 3마리
깻잎 20장
생강 2쪽
오이 2개
소금 약간
들기름 약간
달걀 2개
밥 2공기

장어 밑간

양파 즙 1큰술
매실청 1큰술
화이트 와인 1큰술
참기름 1작은술
소금 약간
후춧가루 약간

장어 다래 소스

양파 ¼개
마른 고추(매운 것) 3개
마늘 3쪽
생강 1쪽
깻잎(또는 셀러리) 약간
간장 2컵
레드 와인 ½컵
설탕 ½컵
물엿 3큰술
꿀 3큰술

단촛물

식초 3큰술
설탕 2큰술
소금 1작은술

• Recipe •

1. 장어는 손질된 것으로 준비해서 씻지 말고 키친타월로 가볍게 눌러
   물기를 닦는다.
2. 분량의 장어 밑간 양념을 섞어 ①의 장어에 붓으로 바른 뒤 30분 이상
   잰다.
3. 분량의 장어 다래 소스 재료를 냄비에 넣고 한소끔 끓으면 불을 약하게
   줄여 분량이 반으로 줄 때까지 끓인 뒤 체에 거른다.
4. 깻잎은 깨끗이 씻고 물기를 제거해 곱게 채 썰고, 생강은 껍질을 벗겨
   곱게 채 썬다.
5. 오이는 채 썰어 소금에 살짝 절이고 물에 가볍게 헹군 뒤 물기를 꼭 짜서
   들기름에 볶는다.
6. 달걀은 황백으로 나누고 얇게 지단을 부쳐 곱게 채 썬다.
7. 밥에 단촛물 재료를 섞어 넣고 고루 버무려 식힌다.
8. 밑간한 장어는 김 오른 찜통에서 7분 정도 찐다.
9. 찐 장어는 팬에 올려 다래 소스를 3~4번 발라가며 앞뒤로 굽는다.
   마지막에 토치로 윤기 나게 구운 다음 1㎝ 폭으로 썬다.
10. 그릇에 밥을 얇게 펴고 오이와 생강을 고루 뿌려 올린 뒤
    장어를 올린다. 맨 위에 지단과 깻잎을 뿌려 마무리한다.

• 장어를 밑간한 뒤 쪄서 냉동실에 잘 넣어두면 원할 때 언제든 꺼내 소스만
  발라 구워 먹을 수 있어 편리하다.

중국식 당면 생채

우리가 흔히 먹는 잡채가 식상할 때 재료를 볶지 말고 생채로 준비하면 깔끔하고 만들기도 한결 수월합니다. 어묵과 우엉, 숙주와 기타 채소를 넉넉히 넣고 삶은 당면과 함께 매콤한 고추기름 소스에 버무리기만 하면 되죠. 밑준비가 조금 번거롭긴 해도 여러 사람들에게 인기 있는 메뉴입니다.

• Ingredients •

당면 50g
참기름 ½큰술
쇠고기 100g
사각 어묵 2장
숙주나물 200g
양파 ⅓개
오이 1개
우엉 1개
비트 ¼개
알배추 잎 6~7장
맛간장(p.8) 1큰술
참기름 3작은술

쇠고기 밑간

간장 1큰술
청주 ½큰술
설탕 ½큰술
참기름 1작은술
후춧가루 약간

고추기름 소스

다진 마늘 1큰술
고춧가루 ½큰술
카놀라유 1½큰술
간장 3큰술
식초 2큰술
설탕 2큰술
레몬즙 1½큰술
다진 파 1큰술
매실청 1큰술
소금 1작은술
통깨 1½큰술

• Recipe •

1. 당면은 미지근한 물에 담가 불리고 끓는 물에 삶은 뒤 체에 밭쳐 물기를 뺀 다음 참기름 2작은술을 넣어 버무린다.

2. 쇠고기는 3~4㎝ 길이로 채 썰어 분량의 쇠고기 밑간에 조물조물 무친 뒤 잠시 쟀다가 달군 팬에 볶아낸다.

3. 어묵은 4㎝ 길이로 가늘게 채 썬 다음 끓는 물을 끼얹어 기름기를 뺀다.

4. 숙주나물은 꼬리를 제거하고 끓는 물에 소금을 약간 넣어 아삭하게 데친 뒤 재빨리 찬물에 헹구고 물기를 꼭 짠다.

5. 양파는 얇게 슬라이스하고 얼음물에 10분 이상 담가 매운 맛을 없앤 뒤 체에 밭쳐 물기를 뺀다.

6. 오이는 길게 반 갈라 숟가락으로 씨를 긁어낸 다음 어슷 썬다.

7. 우엉은 연필 깎듯이 얇게 저며 썬 뒤 찬물에 담갔다가 물기를 뺀다.

8. 비트는 채칼로 곱게 채 썬 다음 빨간물이 다 빠질 때까지 얼음물에 담갔다가 체에 밭쳐 물기를 뺀다.

9. 알배추 잎은 4㎝ 길이로 채 썬다.

10. 팬에 참기름 1작은술과 맛간장을 넣고 어묵과 우엉을 넣어 볶아낸다.

11. 고추기름 소스 재료 중 다진 마늘과 고춧가루를 섞고 카놀라유를 뜨겁게 끓여 바로 부은 뒤 나머지 소스 재료를 넣고 섞는다.

12. 큼직한 볼에 준비한 재료를 모두 넣고 고추기름 소스를 넣어 골고루 버무린다.

고추기름 소스를 만들 때는 끓는 기름을 부으세요

고추기름 소스를 만들 때 포인트는 끓는 기름을 붓는 것입니다. 다진 마늘과 고춧가루를 섞고 끓는 기름을 부으면 고추기름화 되어 산뜻하면서도 매콤한 맛을 살릴 수 있거든요. 또한 그냥 기름을 섞을 때와는 달리 소스가 한결 부드러워지고 맛도 좋아지죠. 만들어 두고 사용할 수 있으니 큰 병에 만들어 두고 재료 준비만 해서 바로 만들어 먹는 것도 좋습니다.

매콤 닭강정

어렸을 적 어머니가 자주 해 주시던 매콤하고 달콤한 맛의 닭튀김이에요. 마른 고추로 매콤한 맛을 내기
위해 가위로 가늘게 썰어 얌전하게 넣으셨던 기억이 나요. 어머니는 닭 한 마리를 토막내서 해주셨는데
저는 닭봉을 활용해 보았습니다. 아이들 간식, 맥주 안주 모두 좋죠. 식어도 맛이 좋아요.

• Ingredients •

닭봉 15개
우유 1컵
소금 약간
후춧가루 약간
마늘 3쪽
생강(작은 것) 1톨
마른 고추(매운 것) 1개
녹말가루 6큰술
밀가루 2큰술
튀김 기름 적당량
식용유 2큰술
아몬드 슬라이스 적당량

닭강정 양념

간장 3큰술
설탕 2큰술
식초 2큰술
맛술 1큰술
올리고당 1큰술

• Recipe •

1. 닭봉은 우유에 20분 정도 담가 잡내를 없앤 뒤 흐르는 물에 한 번 씻고
   소금과 후춧가루를 뿌려 밑간한다.
2. 마늘은 얇게 편으로 썰고, 생강도 편으로 썬다.
3. 마른 고추는 가위로 가늘게 채 썬다.
4. 닭봉에 녹말가루와 밀가루를 섞어 무친 뒤 소금을 넣었을 때 바로
   기포가 올라오는 정도의 기름에 노릇하게 튀기고 기름기를 뺀다.
5. 팬에 기름을 두르고 마늘과 생강, 마른 고추를 넣어 볶다가 기름에
   향이 배면 생강은 건지고 분량의 닭강정 양념을 넣어 끓인다.
6. 양념이 바글바글 끓으면 튀긴 닭을 넣고 양념이 고루 묻도록 뒤섞어가며
   윤기나게 조린다.
7. 닭강정을 그릇에 담고 아몬드 슬라이스를 듬뿍 뿌린다.

찹쌀 케이크

미국의 케이크 레시피 중에는 찹쌀가루를 이용한 것들이 의외로 많아요. 저는 여기에 밤과 곶감 등을 더해
한식 케이크로 변신시켰어요. 구수한 떡도 아닌 것이 쫄깃하고 맛이 아주 좋습니다. 구겔호프 틀을 활용해
모양을 내면 솜씨를 돋보이게 하는 자리에 내 놓기 좋습니다.

• Ingredients •

곶감 2개
대추 6개
밤 6개
호두 살 60g
건포도 30g
찹쌀가루 4컵
베이킹파우더 ⅔큰술
베이킹소다 1작은술
흑설탕 ⅓컵
달걀 1개
생크림 1컵

• Recipe •

1. 곶감은 씨를 발라 사방 1㎝ 크기로 썰고, 대추는 가운데 씨를 빼고
　　곱게 채 썬다.
2. 밤은 속껍질까지 깨끗이 벗긴 뒤 사방 1㎝ 크기로 깍둑 썰고, 호두 살은
　　밤 크기로 부순다.
3. 찹쌀가루에 베이킹파우더, 베이킹소다, 흑설탕을 섞은 뒤 체에 내린다.
4. 볼에 달걀을 깨뜨려 넣고 생크림을 넣어 거품기로 잘 섞는다.
5. ③의 가루에 ④의 달걀생크림 믹스를 조금씩 넣어가며 반죽을 들었을 때
　　뚝뚝 떨어질 정도로 골고루 반죽한다.
6. 반죽에 곶감과 대추, 밤, 호두, 건포도를 모두 넣어 골고루 섞는다.
7. 반죽이 담긴 볼 밑에 끓는 물을 받친 뒤 오븐 팬에 넣고 170℃의 오븐에
　　서 30분간 굽고 먹기 좋게 자른다.

음식을 준비한 이들에게 작은 화분 하나 선물하세요

포트럭 파티 때 호스트가 돼서 손님들을 맞이하게 된다면 음식을 준비한 사람들을 위해
작은 선물 하나 준비하는 것도 좋을 거라 생각합니다. 여러 사람이 음식을 준비해서 한 자리에 모여
나눠 먹으며 이야기하는 자리를 마친 뒤 돌아가는 손님들께 작은 정성을 함께 보낸다면
마음 따뜻해지는 마무리를 할 수 있습니다. 부담스럽지 않게 작은 마음의 선물을 해보세요.
화분이나 향 좋은 비누, 양초도 좋은 것 같습니다. 맛있게 구운 쿠키나 케이크도 좋고요.

뷔페 스타일로 짜임새 있게 구성한

집들이

남편은 지인들을 초대해서 식사하는 자리를 좋아합니다. 결혼 후 세 번째
집에 살고 있는데, 집들이 상만 스무 번 이상 차렸어요. 집들이는 여러 사람
들이 우리 집을 찾아주는 복되고 좋은 일이라고 생각합니다. 적지 않은 인
원을 대접하기에는 뷔페 스타일이 제격이죠. 음식은 샐러드부터 디저트까지
여섯 가지 이상 짜임새 있게 구성해보세요.

The Menu of Housewarming Party

리코타 치즈 무화과 샐러드
문어 감자 샐러드
고추소스를 곁들인 새우 구이
유부초밥과 꼬마김밥
돼지갈비 튀김
브라우니

리코타 치즈 무화과 샐러드

홈메이드 리코타 치즈는 샐러드뿐 아니라 빵이나 크래커에 발라 먹어도 좋을 만큼 여러모로 쓸모 있죠.
샐러드 채소에 재철 과일과 리코타 치즈를 듬뿍 넣고 빵을 곁들이면 보기 좋고 맛 좋은 샐러드가 돼요.
여기에 복분자청으로 만든 새콤한 드레싱으로 고급스러운 맛을 더했습니다.

• Ingredients •

무화과 2개
레몬즙 1큰술
버터 레터스 1포기
로메인 1포기
라디치오 3장
어린잎 채소 1줌
리코타 치즈 적당량
캐러멜 너트 ½컵
마른 크랜베리 ¼컵

- 리코타 치즈는 p.53,
  캐러멜 너트는 p.73을
  참조해 만든다.

복분자 드레싱

복분자청 2큰술
올리브유 2큰술
레몬즙 1큰술
화이트 와인 식초 1½큰술
소금 ½작은술

• Recipe •

1. 무화과는 열십자(+)로 4등분해서 레몬즙을 뿌려둔다.
2. 준비한 채소는 모두 찬물에 담가 싱싱하게 살린다.
3. 버터 레터스와 로메인은 1장씩 떼서 한입 크기로 썰고, 나머지 채소도
   한입 크기로 썬다.
4. 준비한 채소는 물기를 말끔히 털어 없앤 뒤 고루 섞어 접시에 담는다.
5. 채소 위에 리코타 치즈를 숟가락으로 떠서 듬성듬성 올리고 무화과도
   올린 다음 캐러멜 너트와 마른 크랜베리를 골고루 뿌린다.
6. 복분자 드레싱 재료는 한데 담고 거품기로 고루 섞어 샐러드 위에
   뿌리거나 곁들여 낸다.

- 샐러드는 채소가 싱싱해야 풍미와 맛이 좋다. 채소가 싱싱하지 않을 때는
  미리 얼음물에 담가 싱싱하게 살리는 게 좋으며 물기를 말끔히 없애야
  드레싱과 잘 어우러진다.
- 무화과의 계절이 아닐 때는 무화과 대신 딸기를 활용해도 된다.

문어 감자 샐러드

담백하고 건강한 지중해식 해산물 샐러드예요. 여러 가지 음식을 한 번에 먹다 보면 입이 텁텁해지게
마련인데, 입맛을 깔끔하게 정리할 수 있는 메뉴입니다. 문어를 비롯해 폼 나는 해산물과 감자, 콩까지
풍성하게 곁들여 포만감도 충분히 느낄 수 있죠. 자숙 문어는 냉동 문어를 구입하는 게 편해요.

• Ingredients •

자숙 문어 150g
새우(중하) 5~6개
감자 1½개
작두콩 ½컵
셀러리 1대
경수채(교나) 6~7줄기
블랙 올리브 6~7개

비니그렛 드레싱

양파 ⅓개
올리브유 3큰술
레몬즙 2큰술
레드 와인 식초 2큰술
꿀 1큰술
파프리카 가루 ½큰술
다진 마늘 1작은술
디종 머스터드 1작은술
소금 ½작은술

• Recipe •

1. 자숙 문어는 흐르는 물에 한 번 씻고 끓는 물을 부어 살짝 데친 뒤
   얇팍하게 저며 썬다.
2. 새우는 살짝 데쳐 머리와 꼬리, 껍질을 제거한 뒤 반 가른다.
3. 비니그렛 드레싱 재료의 양파는 다지고 나머지 분량의 재료와 섞어
   드레싱을 완성한다.
4. 감자는 사방 1㎝ 크기로 깍둑 썰고 15분 정도 포실하게 쪄서 식힌 다음
   비니그렛 드레싱을 2큰술 정도 부어 마리네이드 한다.
5. 작두콩은 끓는 물에 30분 정도 삶고 체에 밭쳐 물기를 뺀 뒤 식힌다.
6. 셀러리는 얇게 어슷 썬다.
7. 경수채는 흐르는 물에 씻고 물기를 턴 뒤 3~4㎝ 길이로 썬다.
8. 블랙 올리브는 둥근 모양을 살려 슬라이스한다.
9. 볼에 준비한 재료를 모두 담고 비니그렛 드레싱을 넣어 버무린다.

고추소스를 곁들인 새우 구이

대하를 반 갈라 구운 다음 풋고추와 청양고추로 매콤하게 맛을 낸 고추 소스를 바른 고급 새우 요리입니다.
큼직한 대하를 활용해서 한두 개씩 집어 가기 좋아 뷔페 메뉴로 제격입니다. 분홍색으로
먹음직스럽게 구워진 새우와 그린색 고추 소스의 조화는 색감뿐 아니라 맛도 아주 잘 어울립니다.

• Ingredients •

새우(대하) 12마리
소금 약간
후춧가루 약간
레몬즙 2큰술
올리브유 2큰술
식용유 적당량
화이트 와인 2큰술
레몬 웨지 1~2쪽

고추 소스

풋고추 2개
청양고추 2개
마늘 3쪽
이탈리안 파슬리 2줄기
올리브유 ½큰술
소금 ½큰술
레몬 제스트 ½큰술
큐민 1작은술

• Recipe •

1. 새우는 등 쪽에 길게 칼집을 넣어 펼치고 소금과 후춧가루, 레몬즙,
   올리브유를 뿌려 밑간한다.
2. 고추 소스 재료 중 고추는 반 갈라 씨를 털고, 마늘은 반 자른다.
   이탈리안 파슬리는 듬성듬성 썬다.
3. 믹서에 고추와 마늘, 이탈리안 파슬리를 넣어 갈고 올리브유, 소금,
   레몬 제스트, 큐민을 넣어 다시 한 번 곱게 갈아 고추 소스를 완성한다.
4. 기름을 두른 달군 팬에 밑간한 새우를 올려 3분 정도 굽고 뒤집은 뒤
   화이트 와인을 뿌려 마저 굽는다.
5. 구운 새우에 붓으로 고추 소스를 발라 그릇에 담고 레몬 웨지를
   곁들여 낸다.

유부초밥과 꼬마김밥

식사할 때 밥이 없으면 왠지 허전하게 생각하는 사람들이 많아요. 뷔페 스타일로 상을 차릴 때는
한 번에 먹기 편하고 집어 먹기 편한 김밥이나 유부초밥을 준비하세요. 시판 생강 절임을 다져 넣어
산뜻하게 맛을 낸 밥으로 유부초밥을 싸고 오이 채만 넣어 김밥까지 만들면 일석이조입니다.

• Ingredients •

밥 5공기
유부 20장
김 10장
물 ¼컵
맛간장(p.8) 2큰술
오이 1½개
아보카도 ½개
단무지 7~8㎝
초절임 생강 ⅓컵
검정깨 적당량
통깨 적당량

단촛물

식초 4큰술
설탕 3큰술
소금 1작은술

• Recipe •

1. 유부는 끓는 물에 살짝 데쳐 물기를 꼭 짜고, 김은 살짝 구워 2등분한다.
2. 냄비에 분량의 물과 맛간장을 넣고 바글바글 끓으면 유부를 넣어 국물
   이 바특해질 때까지 조린다.
3. 오이는 7~8㎝ 길이로 굵직하게 채 썰고, 아보카도는 씨와 껍질을
   제거한 뒤 얇게 채 썬다.
4. 단무지는 곱게 다지고, 초절임 생강도 물기를 꼭 짜서 곱게 다진다.
5. 밥에 분량의 단촛물 재료를 섞어 넣고 주걱으로 밥을 자르듯이 골고루
   섞은 다음 다진 단무지와 초절임 생강, 검정깨, 통깨를 넣어 섞는다.
6. 양념한 밥의 반은 유부에 넣어 유부초밥을 만든다.
7. 나머지 밥은 ①의 김 위에 올려 펴고 오이와 아보카도를 올려 돌돌 말아
   꼬마김밥을 만든다.

• 유부는 끓는 물에 살짝 데치면 기름기가 제거돼 한결 담백하고 맛있다.

돼지갈비 튀김

돼지갈비를 한입 크기로 잘라서 끓는 물에 삶아 기름을 뺀 뒤 가볍게 양념해서 바삭하게 튀기면 자꾸만 손 가게 만드는 담백한 튀김이 됩니다. 탕수육이나 닭고기 튀김은 흔해서 초대 요리로 내기에 부족하다 싶을 때 만들기 좋을 고급 메뉴예요. 한 개씩 집어 먹기도 좋고, 맥주 안주로는 이만한 게 없습니다.

• Ingredients •

돼지갈비 1.2kg
통깨 3큰술
녹말가루 4큰술
튀김 기름 적당량

향신채

양파 ¼개
대파 잎 1대 분량
마늘 3쪽
생강 1쪽

돼지갈비 양념

간장 2큰술
다진 마늘 1큰술
레몬즙 1큰술
청주 1큰술
참기름 1큰술
매실청 1큰술
생강즙 1작은술
소금 1작은술
후춧가루 약간

• Recipe •

1. 돼지갈비는 찬물에 30분 정도 담가 핏물을 뺀다.

2. 향신채의 양파는 큼직하게 썰고 대파는 반 자른다. 마늘은 반 자르고 생강은 저며 썬다.

3. 큰 냄비에 물을 넉넉히 붓고 ②의 향신채를 넣어 한소끔 끓인 뒤 돼지갈비를 넣는다. 한 번 부르르 끓어오르면 돼지갈비를 꺼내 키친타월로 물기를 제거한다.

4. 큰 볼에 분량의 돼지갈비 양념을 넣어 잘 섞는다.

5. ④의 볼에 돼지갈비를 넣고 골고루 버무린 뒤 30분 정도 잰다.

6. 돼지갈비에서 빠진 국물은 따라버리고 돼지갈비에 통깨를 뿌려 버무린다.

7. 위생팩에 녹말가루와 돼지갈비를 넣고 위생팩을 흔들어가며 돼지갈비에 녹말가루를 골고루 묻힌다.

8. 소금을 넣었을 때 기포가 바로 올라오는 정도의 튀김 기름에 돼지갈비를 1쪽씩 넣어 노릇하게 튀긴다.

• 돼지갈비는 향신채와 함께 삶으면 특유의 누린내를 없앨 수 있다.

• 돼지갈비는 한 번 삶아 어느 정도 익은 상태이기 때문에 튀길 때 오래 튀기지 않아도 속까지 충분히 익고 바삭하게 튀겨진다.

브라우니

시중에서 파는 브라우니에 비해 달지 않고 초콜릿 맛이 깊고 진한 브라우니예요. 보통 브라우니는 한 개 정도 먹으면 단맛 때문에 질리기도 하는데, 그다지 달지 않아 계속 손 가는 디저트죠. 큼직한 틀에 굽고 작게 잘라 쌓은 뒤 위에 슈거파우더를 듬뿍 뿌리면 디스플레이 효과도 좋습니다.

• Ingredients •

밀크 초콜릿 210g
버터 90g
달걀 2개
황설탕 60g
에스프레소 20㎖
깔루아 1큰술
오렌지 술 1큰술
박력분 80g
베이킹파우더 1작은술

• Recipe •

1. 밀크 초콜릿과 버터는 잘게 썰어 한 볼에 담고 뜨거운 김을 쐬며 중탕으로 녹인다.
2. 다른 볼에 달걀과, 황설탕을 넣고 설탕이 녹을 정도로 섞은 다음 ①을 넣어 섞는다.
3. ②에 에스프레소와 깔루아, 오렌지 술을 넣어 골고루 섞고 박력분과 베이킹파우더를 함께 고운 체에 내려 넣은 뒤 주걱으로 잘 섞는다.
4. 반죽을 오븐 용기에 담고 170℃로 예열한 오븐에서 25분간 굽는다. 꼬치로 찔러봐서 덜 익었을 경우 5분 정도 더 굽는다.

• 초콜릿과 버터를 녹일 때는 중탕으로 부드럽게 놓이는 게 좋은데, 냄비보다 큰 볼을 준비해서 끓는 물에 볼이 닿지 않고 뜨거운 수증기로만 녹여야 초콜릿에 물기가 들어가지 않는다.

그릇과 커트러리는 넉넉하게 준비하세요

뷔페 스타일로 상을 차릴 때는 그릇을 넉넉하게 준비해야 초대된 손님들이
편하게 식사할 수 있습니다. 테이블 한쪽에 그릇과 컵, 냅킨, 그리고 메뉴에 따라
젓가락이나 숟가락, 포크, 나이프도 충분히 챙겨 두세요. 음식에 이름을 적어두는 것도
좋은 아이디어죠. 생소한 음식일 경우 어떤 음식을 차렸는지 이름표를 만들어
앞에 두는 것도 손님을 위한 배려입니다.

환자를 위한 부드러운 맞춤 영양 밥상

병문안 특별식

제가 어릴 적 어머니께서는 주위에 누가 아프다는 말을 들으면 늘 음식을 준
비하곤 하셨어요. 몸 아픈 사람이 먹을 건데 재료부터 좋아야 한다고 말씀하
시며 싱싱한 재료를 구입해서 종일 부엌에서 음식을 만드셨죠. 영양 가득한 부
드러운 죽 하나 정성스럽게 쑤고 입맛 돋우는 맑은 김치 하나면 충분합니다.

The Menu of Diets for Patients

북어 두부 죽

홍콩식 해물 수프

오이 백김치

전복 술찜

북어 두부 죽

몸이 안 좋을 때는 자극적이지 않고 영양가 있는 음식을 먼저 생각합니다. 먹기 좋고 영양을 챙기기 좋은 음식이 죽이죠. 환자들에게는 전복죽이나 쇠고기죽을 주로 준비해 주는데, 북어와 두부로 부드럽고 구수하게 끓인 북어 두부 죽을 준비했습니다. 죽 위에 수란 하나 얹으면 맛과 영양 모두 일품이죠.

• Ingredients •

찹쌀 ⅔컵
쌀 ⅔컵
북어채 50g
밀가루 1큰술
물 2큰술
두부 ⅓모
쪽파 3뿌리
달걀 5개
식초 적당량
참기름 3큰술
멸치 국물(p.9) 8컵
국간장 1큰술
참치액 1작은술
소금 약간
후춧가루 약간

• Recipe •

1. 찹쌀과 쌀은 섞어서 깨끗이 씻고 20분 정도 불린 뒤 물기를 뺀 다음 알갱이가 반 정도 쪼개지게 블렌더에 간다.
2. 북어채는 밀가루와 분량의 물을 넣어 바락바락 주물러 씻고 물에 헹군 뒤 물기를 꼭 짠 다음 3~4㎝ 길이로 자른다.
3. 두부는 면포에 싸서 물기를 꼭 짠 뒤 으깬다.
4. 쪽파는 송송 썬다.
5. 끓는 물에 식초(물 1ℓ당 식초 3큰술)를 넣고 젓가락으로 물을 휘저어 회오리를 만든다.
6. 회오리가 일 때 달걀을 가만히 깨뜨려 넣고 흰자가 익으면 바로 건져 찬물에 담가 식힌다.
7. 냄비에 참기름을 두르고 북어채를 볶다가 ①의 쌀을 넣어 볶는다.
8. 쌀에 기름이 돌면 멸치 국물을 붓고 한소끔 끓인 뒤 불을 약하게 줄여 저으면서 끓인다.
9. 죽이 뚝뚝 떨어지는 정도의 농도가 되면 국간장과 참치액으로 간하고 마지막에 으깬 두부를 넣은 뒤 소금과 후춧가루로 간을 맞춘다.
10. 북어 두부 죽을 그릇에 담고 ⑥의 수란과 쪽파를 차례로 올려낸다.

5-1

5-2

6-1

6-2

홍콩식 해물 수프

죽보다는 부드럽고 묽으며 수프보다는 되직한 농도의 중국식 해물 수프예요. 죽에 비해 알갱이가 덜 씹혀 환자들이 먹기에 제격이죠. 환자뿐 아니라 영양 만점 이유식으로도 손색 없습니다. 만두피를 가늘게 썰어 튀기고 짜샤이를 다져 고명으로 얹으면 씹는 맛과 모양을 더할 수 있습니다.

• Ingredients •

오징어 ½마리
새우(중하) 5~6마리
관자(큰 것) 1개(80g)
쪽파 2뿌리
짜샤이 1작은술
만두피 6장
따뜻한 밥 250g
참기름 1½큰술
물 5½컵
치킨 스톡 ½개
국간장 1작은술
소금 약간
후춧가루 약간
튀김 기름 적당량

해물 양념

청주 1큰술
참기름 ½큰술
생강 퓌레(p.83) 1작은술

• Recipe •

1. 오징어는 껍질을 벗기고, 새우는 머리와 꼬리, 껍질을 제거한다. 관자는 표면의 얇은 막을 벗겨낸다.
2. ①의 해물은 모두 사방 0.5㎝ 크기의 큐브 모양으로 썰고 분량의 해물 양념을 넣어 밑간한다.
3. 쪽파는 송송 썰고, 짜샤이는 찬물에 20분 정도 담가 짠기를 뺀 뒤 물기를 꼭 짜서 다진다.
4. 만두피는 3㎝ 길이로 채 썰어 튀김 기름에 바삭하게 튀기고 기름기를 뺀다.
5. 따뜻한 밥에 참기름 1큰술을 고루 섞고 물 ½컵을 더해 블렌더에 곱게 간다.
6. 냄비에 참기름 ½큰술을 두르고 ②의 해물을 볶다가 새우가 핑크색이 되면 물 5컵과 치킨 스톡을 넣어 한소끔 끓인다.
7. ⑥에 ⑤의 밥을 넣고 약한 불에서 저어가며 끓이고 마지막에 국간장과 소금, 후춧가루로 간한다.
8. 수프를 그릇에 담고 튀긴 만두피와 쪽파, 짜샤이를 고명으로 올린다.

• 밥을 갈아 넣으면 끓이는 시간이 단축되고 농도가 되직해지지 않아 부드럽다.

오이 백김치

음식 잘 하기로 소문 난 지인 댁의 여름 특별 김치예요. 시원하고 오이향이 좋아 오이가 한창인 여름이면
별미로 잘 담가먹죠. 고춧가루 넣지 않고 맑게 담그는 오이 백김치는 국물을 자작하게 만드는 게 특징이에요.
자극적이지 않은 음식을 먹어야 하는 환자식에 죽과 함께 내기 좋습니다.

• Ingredients •

오이 10개
물 2ℓ
소금 1컵
무 3cm
당근 ⅓개
배 ¼개
쪽파 5뿌리
생수 1ℓ
굵은 소금 적당량

밀가루 풀

물 3컵
밀가루 3큰술

김치 양념

다진 마늘 1큰술
멸치 액젓 1큰술
매실청 1큰술
그린스위트 ½작은술

• Recipe •

1. 오이는 깨끗이 씻어 양 끝을 자르고 4등분한 뒤 토막마다 한 쪽 3cm를
   남기고 열십자(+)로 칼집을 넣는다.
2. 물 2ℓ에 소금 1컵을 섞어 한소끔 끓이고 뜨거울 때 ①의 오이에 부어
   30분 정도 절인다.
3. 냄비에 밀가루 풀 재료를 넣고 밀가루가 덩어리지지 않게 거품기로
   저어가며 한소끔 끓여 밀가루 풀을 쑨 다음 식힌다.
4. 무와 당근은 4cm 길이로 곱게 채 썰고, 배도 곱게 채 썬다.
5. 쪽파는 4cm 길이로 썬다.
6. 무와 당근, 배, 쪽파에 김치 양념을 넣고 버무려 김치 속을 만든다.
7. 절인 오이는 손으로 물기를 가볍게 짜고 김치 속을 적당량 넣어
   김치통에 담는다.
8. 분량의 생수에 밀가루 풀을 넣어 잘 풀고 굵은 소금으로 간을 맞춘 뒤
   김치통에 붓는다. 실온에서 하루 정도 익히고 냉장고에 넣는다.

전복 술찜

어느 일식집에 갔을 때예요. 전복 한 점을 먹었는데 어쩜 그렇게도 부드럽고 맛이 순한지 절로
감탄이 날 정도였어요. 오랜 시간 중탕으로 익히는 게 비법이었죠. 술 붓고 약한 불에서 3시간 동안
은근히 익히세요. 마음이 급해도 시간을 지켜야 고급스러운 맛의 전복찜이 완성됩니다.

• Ingredients •

활전복 6~7마리
화이트 와인 1큰술
청주 2컵
물 1컵
레몬 껍질 ½개 분량

• Recipe •

1. 활전복은 조리용 솔로 구석구석 문질러 닦고 물에 헹군 뒤 냄비에
   화이트 와인과 함께 넣어 1분간 찐다.
2. ①의 전복은 껍데기를 떼고 손으로 내장과 이빨을 떼어낸다.
3. 냄비에 청주와 물을 붓고 레몬 껍질을 넣은 뒤 찜틀을 올리고
   손질한 전복을 올린다. 물이 바글바글 끓으면 불을 아주 약하게 줄여
   3시간 정도 푹 찐다.

• 한번에 여러 마리 만들어 밀폐용기에 담고 냉동실에 얼려 두었다가
  먹고 싶을 때 몇 개씩 꺼내 전자레인지에 데워 먹어도 된다.

‑‑‑‑‑‑‑

일회용 용기지만 저렴해 보이지 않는 것을 활용하세요

죽이나 수프 등의 음식을 준비해 지인에게 전달할 때 일회용 용기를 사용할 때가 종종 있죠.
편하기도 하고 무게도 줄일 수 있어 여러모로 좋은 면이 많아요. 하지만 자칫 잘못하면
정성스럽게 만든 음식의 격이 떨어져 보일 때가 있습니다. 부득이하게 일회용기를
사용해야 할 때는 디자인이 심플하고 세련된 것을 사용합니다. 물김치는 투명 플라스틱 물병에
담아 가는 것도 좋은 방법이고요. 일회용기 하나 고를 때도 신경 써서 고르면 좋아요.

먹으면서 살 빼는 맛있는 다이어트

저칼로리 영양식

다이어트는 여자들에게 평생의 과제죠. 먹고 싶은 마음은 가득인데 불어나는 살 걱정에 양껏 먹지 못할 때가 많습니다. 슈퍼 곡물 렌틸콩으로 색고운 다이어트 수프를 만들고 채소가 많이 들어가는 저칼로리 월남쌈, 밀가루 대신 실곤약을 활용한 국수말이까지 더해 다이어트 할 때도 식탁을 풍성하게 만들어 보세요.

The Menu of A Light Lunch

렌틸콩 수프

동치미 곤약국수 말이

월남쌈

* 메뉴는 2인분 기준입니다.

렌틸콩 수프

작년 터키에서 열린 한국 음식 행사에 참여했을 때에요. 터키 레스토랑에서 매일 고소한 렌틸콩 수프를 먹고 현지에서 유명한 차를 마셨어요. 주황색 작은 콩을 가마솥에 끓여 주식으로 먹는 걸 보고 시도해봤는데, 색은 단호박 수프 같고 맛은 구수한 콩 맛이었죠. 레몬 한 조각을 짜 넣으면 풍미가 더해집니다.

• Ingredients •

렌틸콩(주황색) 1컵
양파 ¼개
당근 ⅓개
빨강 파프리카 ⅓개
셀러리 ½대
버터 1큰술
물 4컵
치킨 스톡 ½개
생크림 ½컵
소금 적당량
후춧가루 약간
레몬 웨지 2조각

• Recipe •

1. 렌틸콩은 물에 20~30분 정도 충분히 불린 뒤 체에 밭쳐 물기를 뺀다.
2. 양파는 채 썰어 다지고, 당근도 채 썬 뒤 다진다.
3. 파프리카는 가운데 씨와 흰 속살을 제거한 뒤 채 썰어 다지고, 셀러리도 곱게 다진다.
4. 냄비에 버터를 두르고 양파를 먼저 볶다가 당근과 파프리카, 셀러리를 넣고 재료가 어우러지게 볶은 뒤 물을 붓고 치킨 스톡을 넣는다.
5. ④가 한소끔 끓으면 불을 약하게 줄여 20분 이상 푹 끓인다.
6. 채소가 무르게 익으면 렌틸콩을 함께 넣어 핸드 블렌더로 곱게 갈고 생크림을 넣어 한소끔 더 끓인 다음 마지막에 소금과 후춧가루로 간한다.
7. 수프를 그릇에 담고 레몬 웨지를 올려 장식한다.

렌틸콩, 건강과 다이어트에 좋아요

건강식품으로 꼽히는 렌틸콩은 고소하면서 담백한 맛이 특징이에요. 높은 단백질 함량에 비해 지방과 칼로리가 낮아 다이어트 식재료로 많이 사용되죠. 식이섬유도 풍부하고요. 종류가 다양하지만 맛과 영양소에는 큰 차이가 없어요. 조리시간이 짧고 쉽게 무르는 붉은색 렌틸콩은 스튜나 수프에, 형태가 오래 유지되는 녹색 렌틸콩은 샐러드나 볶음요리에 주로 사용합니다.

동치미 곤약국수 말이

손님이 많은 저희 집은 식사 후 부담 없는 국물 요리 하나로 마지막 입을 개운하게 합니다. 이때 제격인 게
바로 곤약국수 말이죠. 시판용 동치미 국물에 진하게 우린 양지머리 육수를 섞어 시원하게 국수 국물을 만들고
실곤약을 말아 냈더니 반응이 아주 좋았어요. 밀가루 국수가 아니라 다이어트 음식으로도 그만이죠.

• Ingredients •

실곤약 1봉지(200g)
양지머리 육수 1½컵
시판 동치미 국물 1½컵
오이 ½개
단무지 ⅓개
식초 2큰술
설탕 1작은술
검은깨 1작은술

양지머리 육수

양지머리 200g
물 5컵
양파 ¼개
대파 흰부분 1대 분량
마늘 2쪽

• Recipe •

1. 양지머리 육수 재료 중 양지머리는 찬물에 1시간 정도 담가 핏물을 뺀다.
2. 냄비에 분량의 물을 붓고 양파와 대파, 마늘을 넣어 한소끔 끓인 뒤
   ①의 양지머리를 넣는다. 팔팔 끓어오르면 불을 약하게 줄여 40분 정도
   끓이고 면포에 걸러 맑은 국물만 받은 뒤 차게 식힌다.
3. ②의 양지머리 육수 1½컵에 동치미 국물을 섞고 식초 1큰술을 넣어
   냉장고에 차갑게 둔다.
4. 실곤약은 끓는 물에 살짝 데치고 찬물에 여러 번 헹군 뒤 얼음물에
   담가둔다.
5. 오이는 깨끗이 씻고 반 갈라 숟가락으로 가운데 씨를 긁어낸 뒤
   4㎝ 길이로 곱게 채 썬다.
6. 단무지는 오이와 비슷한 크기로 채 썬다.
7. 오이와 단무지에 식초 1큰술과 설탕, 검은깨를 넣어 버무린다.
8. 실곤약은 1인분씩 사리짓고 체에 밭쳐 물기를 뺀다.
9. 볼에 실곤약을 1인분씩 담고 ③의 국물을 부은 뒤 오이 단무지 무침을
   담아낸다.

월남쌈

베트남 요리 중 세계적인 음식이 된 월남쌈은 다이어트 음식으로 그만입니다.
쇠고기는 기름이 적은 살코기 부위로 선택하고 해산물과 각종 채소를 가득 넣으면 포만감은 물론
건강에도 좋고 입맛까지 만족시키죠. 초대 요리에 에피타이저로 내도 좋아요.

• Ingredients •

라이스 페이퍼 4장
쇠고기(채끝 등심) 50g
표고버섯 2개
새우(중하) 4마리
당근 ¼개
오이 ¼개
양파 ¼개
상추 4장
깻잎 4장
숙주나물 ⅛봉지(50g)
식용유 약간

쇠고기 양념

간장 1작은술
설탕 1작은술
청주 1작은술
참기름 1작은술
다진 마늘 1작은술
후춧가루 약간

땅콩 소스

다진 땅콩 ½컵
해선장 ⅓컵
물 ⅓컵
치킨 스톡 1개
피시 소스 1큰술
설탕 1큰술
식용유 1큰술
다진 마늘 1작은술
스리라차 소스 1작은술

피시 소스

파인애플 주스 ¼컵
피시 소스 3큰술
다진 청양고추 1큰술
설탕 1큰술
레몬즙 1큰술

• Recipe •

1. 쇠고기는 5~6㎝ 길이로 도톰하게 채 썰고, 표고버섯은 기둥을 떼어내고
   0.3㎝ 두께로 얇게 저며 썬다.
2. 볼에 분량의 쇠고기 양념을 고루 섞고 쇠고기와 표고버섯을 넣어 조물조물
   버무린 뒤 20분 정도 쟀다가 기름 두른 달군 팬에 볶아 식힌다.
3. 새우는 끓는 물에 데친 뒤 머리과 꼬리, 껍질을 제거하고 길이로 반 자른다.
4. 당근은 5~6㎝ 길이로 곱게 채 썰고, 오이는 반 갈라 가운데 씨를
   긁어내고 5~6㎝ 길이로 채 썬다.
5. 양파는 얇게 채 썰어 찬물에 담가 매운 맛을 뺀 뒤 물기를 제거한다.
6. 땅콩 소스와 피시 소스는 각각 재료를 잘 섞어 두 소스를 완성한다.
7. 라이스 페이퍼를 따뜻한 물에 적셔 부드럽게 한 뒤 펼치고 그 위에 상추와
   깻잎을 차례로 올린다. 깻잎 위에 숙주나물과 준비한 ②~⑤의 재료를
   조금씩 고루 올리고 라이스 페이퍼를 고깔 모양으로 오므려 꽃 모양이
   되게 쌈을 싼다.
8. 월남쌈과 두 가지 소스를 곁들여 낸다.

• 월남쌈을 먹을 때는 소스를 각각 다른 맛으로 두 종류 이상 준비하면 좋다.
• 기호에 따라 고수를 넣는다.

음식이 푸짐해 보이도록 작은 그릇에 담습니다

내가 가지지 못한 게 더 크게 느껴지게 마련이죠. 다이어트 할 때 역시
마음대로 먹지 못하는 탓에 음식에 대한 욕심이 강해집니다. 조금 더 먹고 싶은 욕심을
누르느라 힘들 때가 많죠. 다이어트 할 때는 큰 그릇에 담지 마세요. 같은 양의 음식이라도
큰 그릇에 담으면 왠지 적어 보여 충분히 먹지 못한 것 같은 기분이 듭니다.
작은 그릇에 담아 푸짐하게 보이도록 하는 게 다이어트하는 사람을 위한 팁입니다.

정성 담은 따뜻한 엄마의 마음

도시락

요즘은 학교에서 급식을 시행하고, 소풍 갈 때도 가까운 분식점에서 김밥을 사서 보내죠. 게다가 가족 나들이 때는 지역 맛집을 찾아 다니니 도시락 쌀 일이 거의 없을 겁니다. 가끔 가족이나 지인에게 도시락 선물로 마음을 전달해 보세요. 영양 가득하고 질리지 않는 맛, 냄새 걱정까지 없는 도시락 메뉴를 모았습니다.

The Menu of Lunch Box

차조 영양밥

무말랭이 오징어채 무침

게살 달걀찜

깨소스 우엉 샐러드

홍메기살 데리야키

차조 영양밥

차조는 곡물 중 가장 작은 알갱이지만 영양이 풍부한 알찬 곡물이에요. 아이들 이유식에도 좋고,
어른들 영양밥을 지을 때, 환자의 회복식에도 좋아 죽을 끓일 때 넣으면 좋습니다. 찹쌀에 차조를 섞고 밤과
대추까지 더해 단맛 나고 차지게 지은 차조 영양밥은 반찬 없이 예쁜 찬합에 담아 선물하기도 좋아요.

• Ingredients •

차조 1컵
찹쌀 1컵
통조림 죽순(큰 것) 1개
밤 8~10개
대추 5개
소금 ½작은술
맛간장(p.8) 2큰술
참기름 2큰술

• Recipe •

1. 차조는 깨끗이 씻고 이물질 없이 잘 일어 5시간 이상 불리고,
   찹쌀은 깨끗이 씻어 30분 이상 불린다.
2. 통조림 죽순은 끓는 물에 데친 뒤 사방 1㎝ 크기로 깍둑 썬다.
3. 밤은 얇게 편으로 썰고, 대추는 돌려깎기 해서 채 썬다.
4. 불린 차조와 찹쌀을 섞어 냄비에 담고, 동량의 물을 준비한다.
5. ④의 냄비에 죽순, 밤, 대추를 넣어 섞고 ④에서 준비한 물을 부어
   밥을 짓는다.
6. 밥물이 끓어오르면 중불로 줄여 7~8분간 끓이고 불을 아주 약하게
   줄여 5분간 뜸을 들인다.
7. 밥이 완성되면 소금과 맛간장, 참기름을 넣어 잘 섞은 다음 그릇에 담는다.

• 차조는 5시간 이상 불려야 부드러워져 맛있게 밥을 지을 수 있다.
• 영양밥은 기호에 따라 구운 김에 싸 먹어도 좋다.

무말랭이 오징어채 무침 & 게살 달걀찜

밥을 먹을 때 김치가 없으면 섭섭하지만 김치는 밀폐력이 좋은 통에 담아도 새어 나가는 냄새는
어쩔 수 없죠. 도시락을 쌀 때는 김치 대신 무말랭이 무침을 추천합니다. 그리고 부드러운 달걀찜은 도시락
필수 메뉴죠. 식은 밥과 달걀찜의 조화는 한 공기 뚝딱입니다. 폭신한 달걀찜의 비결은 불 조절이죠.

무말랭이 오징어채 무침

• Ingredients •

무말랭이 100g
맛간장(p.8) 1컵
쪽파 15뿌리
오징어채 80g

무말랭이 양념

고추가루 2큰술
물엿 2큰술
액젓 1큰술
매실청 2작은술
다진 마늘 1작은술
참치액 1작은술
참기름 ½작은술
통깨 약간

• Recipe •

1. 무말랭이는 따뜻한 물에 세 번 정도 깨끗이 씻고 찬물에 두 번 정도
   조물조물 씻은 뒤 물기를 꼭 짠다.
2. ①의 무말랭이에 맛간장을 부어 실온에서 하룻밤 정도 잰다.
3. 쪽파는 3~4㎝ 길이로 자르고 오징어채도 3㎝ 길이로 자른다.
4. 볼에 무말랭이 양념을 모두 넣어 섞고 ②의 무말랭이와 쪽파, 오징어채를
   넣어 조물조물 무친다.

게살 달걀찜

• Ingredients •

달걀 3개
영덕 게살(병조림) ¼컵
쪽파 3뿌리
우유 2큰술
청주 2큰술
소금 1작은술
멸치 국물(p.9) 2컵

• Recipe •

1. 달걀은 곱게 풀고, 쪽파는 송송 썬다.
2. 달걀물에 게살과 쪽파, 우유, 청주, 소금을 넣어 잘 섞는다.
3. 분량의 멸치 국물을 끓이다가 팔팔 끓을 때 ②의 달걀물을 조금씩 붓고
   거품기로 저어가며 약불에서 10분 정도 서서히 끓여 익힌다.

깨소스 우엉 샐러드

도시락을 쌀 때 밑반찬 외에 샐러드 하나 정도 함께 싸면 개운해요. 물 많은 채소 대신 우엉과 당근 등
수분이 적은 채소에 깨소스를 뿌려 뻑뻑하게 무치면 물이 생기지 않는 고소한 샐러드가 됩니다.
도시락을 쌀 때 꼭 넣는 메뉴에요.. 마늘종이 제철일 때는 셀러리 대신 마늘종을 넣어도 맛있어요.

• Ingredients •

우엉 2대
당근 ⅓개
셀러리 1대
슬라이스 햄 3장

우엉 조림 양념

다시마 가다랑어 국물(p.9) 3컵
간장 3½큰술
설탕 1큰술
맛술 1큰술

깨소스

통깨 30g
마요네즈 50g
설탕 1큰술
식초 1큰술
소금 ¼작은술

• Recipe •

1. 우엉은 껍질을 벗기고 필러로 연필 깎듯이 얇고 가늘게 저며낸다.
2. 냄비에 분량의 우엉 조림 양념을 넣어 끓이다가 우엉을 넣고 국물이
   바특해질 때까지 조린 뒤 꺼내 식힌다.
3. 당근은 4㎝ 길이로 가늘게 채 썰고, 셀러리도 당근과 같은 길이로 채 썬다.
4. 슬라이스 햄도 당근과 같은 크기로 채 썬다.
5. 깨소스 재료 중 통깨는 블렌더에 곱게 갈아 볼에 담고 나머지 분량의
   재료와 잘 섞는다.
6. 우엉과 당근, 셀러리, 햄을 한데 섞고 깨소스를 넣어 골고루 무친다.

• 셀러리 대신 껍질콩이나 마늘종을 사용해도 되며 껍질콩은 6~7개를 준비해
  반 갈라 3등분 한 뒤 끓는 물에 살짝 데치고, 마늘종은 4~5대 정도 준비해서
  4㎝ 길이로 자른 뒤 끓는 물에 살짝 데쳐 사용한다.

홍메기살 데리야키

지인에게 부탁 받아 선물 도시락을 싼 적이 있는데, 가장 인기 있던 메뉴입니다. 홍메기살을 도톰하게 썰어 노릇하게 지지고 데리야키 소스를 발라 구우면 반찬 혹은 일품으로도 손색 없죠. 미국의 유명 레스토랑에서 일하던 사촌에게 배운 데리야키 소스는 고기 요리에도 잘 어울리지만 흰살 생선에 가장 잘 어울려요.

• Ingredients •

냉동 홍메기살 300g
소금 작은술
후춧가루 약간
참기름 1큰술
쪽파 3뿌리
녹말가루 1½컵
데리야키 소스 1~2큰술
식용유 적당량

데리야키 소스(½컵 분량)

간장 ½컵
맛술 ⅓컵
흑설탕 4큰술
오렌지 주스 3큰술
청주 2큰술
생강 퓌레(p.83) 1작은술

• Recipe •

1. 바닥이 두꺼운 냄비에 데리야키 소스 재료를 모두 넣고 팔팔 끓어오르면 불을 약하게 줄인 뒤 분량이 ⅔정도로 줄 때까지 졸여 데리야키 소스를 완성한다.
2. 냉동 홍메기살은 냉장고에서 해동한 뒤 키친타월로 눌러 물기를 제거하고 2×4㎝ 크기로 도톰하기 썬다.
3. ②의 홍메기살은 키친타월로 물기를 다시 한 번 없앤 뒤 소금과 후춧가루를 뿌리고 참기름을 발라 밑간한다.
4. 쪽파는 송송 썬다.
5. 밑간한 홍메기살에 녹말가루를 가볍게 묻힌 뒤 기름을 두른 달군 팬에 올려 노릇하게 지지다가 데리야키 소스를 발라가며 굽는다.
6. 홍메기살 데리야키를 그릇에 담고 쪽파를 뿌린다.

데리야키 소스, 여러 요리에 활용할 수 있어요
데리야키 소스는 한 번에 넉넉하게 만들어 두면 여러 요리에 활용하기 좋아요. 닭고기나 쇠고기 스테이크를 만들 때, 혹은 갈비를 구울 때 여벌로 한 번 굽고 그 다음 데리야키 소스를 발라 굽습니다. 찜요리에 넣어도 좋아요. 갈비를 손질해서 데리야키 소스에 고추장 등을 섞어 찜을 해도 맛이 좋죠. 담백한 흰살 생선을 큼직하게 포 떠서 데리야키 소스를 발라 굽고 채소와 곁들여도 좋습니다.

일회용 머핀틀은 도시락을 가뿐하게 합니다

도시락을 쌀 때 여러 개의 반찬을 한 통에 담자니 서로 섞이고 그렇다고 가짓수 대로
반찬통을 준비하는 것도 어려운 일입니다. 이럴 때 유용한 게 바로 종이 머핀틀이죠.
종류별로 크기가 다양하고 부드러워 도시락에 구애 받지 않고 사용할 수 있어요.
게다가 기름종이라 잘 젖지 않고 국물이 흐르는 것도 방지할 수 있고요.
두세 장 겹쳐서 사용해야 힘을 받을 수 있습니다.
마땅한 반찬통이 없을 때는 종이 머핀틀을 사용하세요.

아이들 도시락에는 군것질거리도 간단히 준비합니다

집이나 레스토랑에서 식사를 할 때는 디저트를 따로 챙겨 먹지만 도시락을 쌀 때는
디저트를 따로 챙기기가 쉽지 않죠. 고작해야 과일인데, 아이들 도시락에는 과일도 좋지만
아이들이 좋아하는 과자 몇 종류 담는 게 더 나을 거예요. 작은 비닐 봉투에
젤리, 초콜릿, 캐러멜, 과자 등을 각각 나눠 담고 지퍼백 하나에 모으면
센스 있는 포장이 됩니다. 아이들 친구 것도 함께 준비하면 아이들이 더 좋아할 거예요.

쉽고 폼 나는 요리와 스타일링 아이디어가 빛나는

크리스마스 디너

꼭 크리스천이 아니어도 크리스마스에는 가족, 연인 혹은 지인들과 함께 할
기회가 많지요. 근사한 트리는 없어도 빨강 꽃과 리스, 오너먼트로 분위기를
낸 저녁 식탁을 꾸며 보았어요. 분위기 살리는 음식과 함께 선물을 준비해
서 감사를 나누는 크리스마스 저녁을 보내세요.

The Menu of Christmas Party

굴라시
껍질콩 토마토 샐러드
라클렛

굴라시

고기와 양파, 피망, 파프리카, 토마토를 큼직하게 썰어 듬뿍 넣고 끓인 굴라시는 한겨울 추위를 이겨낼 수 있는 건강식입니다. 독일에서 유학한 지인이 포슬하게 찐 감자 위에 굴라시를 잔뜩 얹어 준 적이 있는데 그 맛을 잊지 못해 겨울이면 저도 가끔씩 해 먹어요. 추위에 언 몸을 사르르 녹이는 든든한 수프죠.

• Ingredients •

쇠고기(양지머리) 200g
쇠고기(우둔살) 200g
양파 2개
마늘 5쪽
피망 1개
파프리카 1개
통조림 강낭콩 ¼컵
버터 1큰술
화이트 와인 ½컵
통조림 토마토 홀 ½캔(400g)
물 4컵

굴라시 양념

치킨 스톡 1개
파프리카 가루 3큰술
노두유 1큰술
우스터소스 1큰술
캐러웨이 씨 1작은술

• Recipe •

1. 쇠고기는 모두 1㎝ 두께에 사방 2㎝ 크기로 썬다.
2. 양파는 6등분하고, 마늘은 얇게 편으로 썬다.
3. 피망과 파프리카는 반 갈라 씨를 빼고 하얀 속살을 제거한 뒤 사방 2㎝ 크기로 썬다.
4. 통조림 강낭콩은 체에 밭쳐 끓는 물을 충분히 부은 뒤 물기를 뺀다.
5. 달군 팬에 버터를 두르고 양파와 마늘을 갈색이 나게 볶다가 쇠고기를 넣어 볶는다.
6. 고기 표면이 익으면 화이트 와인을 붓고 자작해질 때까지 조린다.
7. ⑥에 강낭콩을 넣고 토마토 홀을 넣은 뒤 분량의 물을 부어 끓인다.
8. 물이 끓으면 굴라시 양념을 모두 넣고 한소끔 끓인 다음 불을 줄여 뭉근하게 20분 정도 끓인다.
9. 피망과 파프리카를 넣고 30분 정도 뭉근히 끓여 마무리한다.

• 굴라시는 푹 끓여 재료의 맛을 충분히 우리는 게 맛있다. 1시간 정도 푹 끓이면 고기도 부들부들해져 부드럽고 깊은 맛을 낸다.
• 피망과 파프리카는 처음부터 넣고 끓이면 너무 푹 익어 뭉개질 수 있으니 처음 20분을 끓인 다음 피망과 파프리카를 넣어 끓인다.
• 노두유는 중국 전통 간장으로 찜이나 볶음 요리에 주로 쓴다. 요리에 짙은 색과 맛을 내고 싶을 때 사용하는데, 노두유가 없을 때는 제외해도 된다.

껍질콩 토마토 샐러드

껍질콩을 아작아작 씹는 맛이 재미있는 풍성한 샐러드입니다. 쇠고기에 껍질콩, 방울 토마토,
파프리카 등의 채소를 섞어 와인 비네거 드레싱에 버무린 담백하고 깔끔한 맛이죠.
고급스러운 일품 요리로도 충분해 손님을 맞이하는 식탁에 올리기도 좋아요.

• Ingredients •

쇠고기 100g
껍질콩 15~18줄기
방울토마토 20개
느타리버섯 100g
적양파 ½개
파프리카 1개
소금 약간
후춧가루 약간
식용유 적당량

쇠고기 양념

참기름 1큰술
맛간장(p.8) 1작은술
청주 1작은술

와인 비네거 드레싱

올리브유 4큰술
레드 와인 식초 1큰술
디종 머스터드 1큰술
레몬즙 1큰술
꿀 1큰술
소금 1작은술

• Recipe •

1. 쇠고기는 0.5㎝ 두께에 3~4㎝ 길이로 채 썰어 분량의 쇠고기 양념에
   30분 정도 쟀다가 기름을 두른 달군 팬에 볶아 익으면 바로
   얼음 위에 올려 식힌다.
2. 껍질콩은 3등분해서 끓는 물에 소금을 약간 넣고 3~4분간 데친 뒤
   체에 밭쳐 물기를 뺀 다음 냉장고에 차게 둔다.
3. 방울토마토는 끓는 물에 살짝 데쳐 껍질을 벗기고 얼음에 넣어 식힌다.
4. 느타리버섯은 쪽쪽 찢어 끓는 물에 살짝 데치고 물기를 꼭 짠 다음
   기름을 두른 달군 팬에 올려 소금과 후춧가루로 간을 해서
   볶은 뒤 식힌다.
5. 적양파는 얇게 채 썰어 얼음물에 20분간 담가둔다.
6. 파프리카는 껍질이 까맣게 될 때까지 토치로 굽고 얼음물에 넣어
   손으로 문질러가며 껍질을 벗긴 뒤 채썬다. 바로 얼음 위에 올려 식힌다.
7. 와인 비네거 드레싱 재료는 한데 섞는다.
8. 준비한 재료는 먹기 1시간 전에 모두 볼에 담아 드레싱을 넣고 버무려
   냉장고에 차게 둔다.

• 파프리카는 토치로 껍질을 태워 벗기면 불맛이 더해져 맛이 좋고 질긴 껍질이
  모두 벗겨져 부드럽다. 또한 드레싱도 잘 묻어 부드럽게 먹을 수 있다.
• 차갑고 아삭해 식전 샐러드로 먹기 좋으며 먹기 1시간 전에 재료를
  드레싱에 버무려 냉장고에 두면 간이 잘 배어 맛이 좋아진다.

라클렛

라클렛은 스위스에서 추운 날 구운 감자와 소시지 등에 따뜻하게 녹인 치즈를 얹어
후딱 먹는 식사예요. 재료만 준비해 두면 각자의 취향에 맞게 먹을 수 있죠. 저는 우리 입맛에 맞게
묵은지와 쑥 가래떡, 훈제 오리는 필수로 준비해요. 라클렛 치즈와 맛이 잘 어울리거든요.

• Ingredients •

훈제 오리 슬라이스 300g
새송이버섯 6개
감자 6개
토마토 2개
사과 2개
양파 ½개
가지 2개
주키니 호박 1개
묵은지 ¼포기
쑥 가래떡 2줄
라클렛 치즈 600g
(또는 하바티 치즈)
호밀빵 1개

• Recipe •

1. 새송이버섯은 모양을 살려 0.5㎝ 두께로 길게 슬라이스한다.
2. 감자는 껍질째 포실하게 찌고, 토마토는 웨지로 6~8등분한다.
3. 사과는 껍질째 잘 씻고 반 잘라 얇게 슬라이스한다.
4. 양파는 가늘게 채 썰어 찬물에 담가 매운 맛을 뺀 뒤 물기를 제거한다.
5. 가지와 주키니 호박은 0.5㎝ 두께로 어슷 썬다.
6. 묵은지는 속을 털어 씻고 물기를 꼭 짠 다음 2×6㎝ 크기로 썬다.
7. 쑥 가래떡은 6~7㎝ 길이로 자른 뒤 반 가른다.
8. 라클렛 치즈는 0.3㎝ 두께로 슬라이스한다.
9. 접시에 준비한 재료를 둘러 담고 양파와 사과, 호밀빵을 제외한 재료를
   라클렛 팬에 조금씩 올려 굽는다. 라클렛 치즈는 작은 라클렛 팬에 올려
   녹인다.
10. 라클렛 팬에 구워 준비한 재료를 기호에 맞게 개인 접시에 덜고
    녹인 라클렛 치즈를 얹어 먹는다.

라클렛 이렇게 드세요

버섯과 채소, 고기, 소시지 등 구우면 맛 좋은 재료
를 기호에 맞게 준비하세요. 묵은지는 잘 어울리니
꼭 준비하시고요. 재료를 모두 한입에 먹기 좋은 크
기로 잘라 라클렛 팬에 굽고 사과와 양파는 아삭하
게 먹을 수 있게 생으로 준비합니다. 구운 재료를
기호에 따라 한입 분량씩 개인 접시에 덜고 라클렛
치즈를 작은 라클렛 팬에 녹여 그 위에 올린 뒤 한
입에 쏙 넣어 드세요.

그릇으로 테이블 분위기를 업그레이드

크리스마스 저녁을 집에서 준비할 때 식탁의 분위기를 살리는 건 역시 그릇과 소품이에요.
특별식을 준비했는데 테이블 데코에 전혀 신경 쓰지 않는다면 분위기가 나지 않잖아요.
특별한 그릇이 아니더라도 크리스마스의 상징인 빨간색이나 아끼는 그릇을 이용해
식탁을 꾸며보세요. 마땅한 그릇이 없을 때는 매트와 양초, 리스 등의
장식 소품을 활용하면 테이블 분위기를 업그레이드 할 수 있어요.

시판 케이크를 마치 내가 만든 것처럼 장식

크리스마스 식탁에 빠질 수 없는 게 케이크죠. 시판 케이크는 내 마음에 흡족하지 않고
그렇다고 케이크를 만들 실력이 안 된다면 시판 케이크 시트만 구입해서 생크림을 만들어
장식하세요. 생크림을 거품기로 단단히 올립니다. 케이크 시트 위에
생크림을 고루 펴 바르고 그 위에 과일이나 쿠키 등을 얹어 장식하세요.
꽃으로 심플하게 장식을 해도 좋습니다.

여유를 즐기는 와인과 이색 안주의 조화

와인 테이블

저희 부부는 술은 거의 못하지만 지인들과 어울리는 자리는 좋아해요. 항상
친하게 지내는 와인 애호가들이 있어서 종종 와인을 맛보게 되는데, 적당히
마신 와인은 분위기를 좋게 만드는 것 같습니다. 와인과 어울리는 안주 몇 가
지 집에서 마련하면 밖에서 비싼 와인을 마시는 것보다 한결 기분 좋은 시간
을 보낼 수 있습니다.

The Menu of Wine and Dine

광어 카르파치오
클래식 감자 그라탱
건 자두를 넣은 돼지 안심 스테이크
곶감 치즈 말이

광어 카르파치오

광어나 농어를 싱싱한 활어회로 준비해서 한 접시 근사한 카르파치오를 만들어 봅니다.
마요네즈를 베이스로 한 부드러운 드레싱을 뿌려 먹는 카르파치오는 쌉싸래한 루꼴라 한 점 얹고
고소한 마늘 튀김을 얹어 먹으면 색다른 맛으로 즐길 수 있죠.

• Ingredients •

광어(횟감) 200g
루꼴라 약간
래디시 2~3개
마늘 튀김(p.53) 적당량

드레싱

마요네즈 5~6큰술
무즙 2큰술
배즙 2큰술
레몬즙 1큰술
꿀 1작은술
소금 약간

• Recipe •

1. 광어는 횟감으로 준비해 냉장고에 차게 둔다.
2. 루꼴라는 깨끗이 씻고 물기를 턴 뒤 3~4㎝ 길이로 자른다.
3. 래디시는 얇게 슬라이스한다.
4. 분량의 드레싱 재료를 고루 섞는다.
5. 접시에 광어를 가지런히 담고 위에 드레싱을 고루 뿌린 뒤 루꼴라를
   곁들이고 래디시와 마늘 튀김을 올린다.

클래식 감자 그라탱

감자를 얇게 썰어 우유와 치즈에 넣어 굽는 프랑스 정통 그라탱입니다. 오븐에 구운 감자에
치즈의 풍미가 녹아 와인과 함께 하기 좋죠. 감자는 포만감을 줘 식사 대용으로 먹어도 좋으니
아이들 간식으로 내기에도 충분합니다.

• Ingredients •

감자 1kg
우유 2컵
버터 A 90g
생크림 1½컵
체다 치즈 60g
(혹은 그뤼에르 치즈)
다진 마늘 1큰술
넛메그 가루 약간
소금 1½작은술
후춧가루 약간
버터 B ½큰술

• Recipe •

1. 감자는 껍질을 벗기고 둥근 모양대로 0.3㎝ 두께로 슬라이스한다.
2. 냄비에 우유를 넣고 끓기 직전에 버터 A와 생크림을 섞고 감자와
   체다 치즈, 다진 마늘, 넛메그 가루를 넣어 15분 정도 끓인 뒤 소금과
   후춧가루로 간한다.
3. 오븐 용기에 버터 B를 바르고 ②를 담은 뒤 180℃로 예열한 오븐에서
   40분간 노릇하게 굽는다.

건 자두를 넣은 돼지 안심 스테이크

돼지고기 안심은 냄새가 나지 않으며 아주 부드러운 부위라 스테이크로 적당합니다.
돼지고기 안심에 건 자두를 넣고 실로 묶어 오븐에 구운 색다른 스테이크죠. 스테이크를 썰면
삶은 달걀을 둥글게 썬 것처럼 붉은 자두를 감싼 돼지고기가 플레이팅을 특별하게 합니다.

• Ingredients •

건 자두 20개
레드 와인 1컵
돼지고기(안심) 500g
화이트 와인 ⅓컵
루콜라 약간
생크림 1컵
씨겨자 2큰술
소금 약간
후춧가루 약간

돼지고기 밑간

셀러리 1줄기
당근 ½개
양파 ¼개
마늘 5쪽
화이트 와인 ⅓컵
소금 약간
후춧가루 약간
마른 타임 약간

• Recipe •

1. 건 자두 16개는 레드 와인 ½컵을 부어 30분 이상 잰다. 남은 건 자두
   4개는 잘게 다진다.
2. 돼지고기 밑간 재료 중 셀러리, 당근, 양파는 모두 잘게 썰고,
   마늘은 슬라이스 한 다음 모두 볼에 넣고 화이트 와인과 소금, 후춧가루,
   마른 타임을 넣어 돼지고기 밑간을 완성한다.
3. 돼지고기는 10㎝ 길이로 자르고 숟가락으로 가운데 홈을 판 다음
   그 안에 ①의 와인에 절인 건 자두를 채운다.
4. 돼지고기를 실로 묶고 ②의 돼지고기 밑간에 1시간 정도 잰다.
5. 뜨겁게 달군 팬에 돼지고기를 얹어 굴려가며 표면을 노릇하게 굽는다.
   이때 화이트 와인을 부어 굽는다.
6. 구운 돼지고기를 오븐 팬에 올리고 ④의 볼에 남아 있는 돼지고기 밑간
   양념도 함께 넣어 200℃로 예열한 오븐에서 20분간 굽는다.
7. 돼지고기를 꺼내 그대로 잠시 둬 레스팅한다.
8. 돼지고기를 구운 오븐 팬에 남아 있는 양념을 냄비에 덜고
   남은 레드 와인 ½컵을 부어 한소끔 끓인다.
9. ⑧에 생크림, 씨겨자를 넣어 5분 정도 더 끓인 뒤 소금과 후춧가루로
   간하고 고운 체에 거른 다음 다진 건자두를 넣어 섞는다.
10. 돼지고기에 묶은 끈을 풀고 1㎝ 폭으로 썰어 접시에 담고
    ⑨의 소스를 끼얹어 낸다.

3-1

3-2

4-1

4-2

곶감 치즈 말이

곶감에 치즈를 넣어 와인 안주로 만들어 보았습니다. 곶감을 얇게 펴서 치즈와 아몬드를 올린 뒤
김밥 말듯이 돌돌 말아 완성합니다. 그대로 냉동실에 두었다가 필요할 때 썰어 먹으면 좋아요.
와인 안주뿐 아니라 입이 심심할 때 하나씩 먹기도 그만입니다.

• Ingredients •

곶감 10~12개
크림치즈 150g
아몬드 30개

• Recipe •

1. 곶감은 표면의 분을 털고 꼭지를 제거한 뒤 반 갈라 씨를 뺀 다음
밀대로 밀어 얇게 편다.

2. 김발 위에 쿠킹 랩을 깔고 그 위에 곶감을 조금씩 겹쳐가며 5~6개를
올린다.

3. 곶감 가운데 부분에 크림치즈를 반 분량만 얹고 위에
아몬드도 15개만 올린다.

4. 김밥 말듯이 단단하게 곶감을 돌돌 만다.

5. ①~④의 방법으로 하나 더 만든다.

6. 쿠킹랩으로 곶감을 감싼 뒤 냉동실에 보관하고 먹기 전에 꺼내
1.5㎝ 폭으로 썰어낸다.

- - - - - - -

간단한 와인 안주도 담음새에 신경 씁니다

식후 간단히 마시는 와인이나 늦은 시간 와인 한잔 하는 자리에도
안주가 있으면 금상첨화죠. 예고 없이 와인을 마시게 될 때를 대비해
오래 보관해 두어도 괜찮은 치즈나 햄, 올리브 등을 준비해 두면 좋습니다.
곶감 치즈 말이도 만들어 냉동실에 보관해도 좋고요.
치즈 하나 먹더라도 봉지째 놓지 말고 예쁜 접시에 담아보세요.
한 접시에 치즈와 햄, 올리브 등을 골고루 예쁘게 담으면
간단히 와인을 마시는 자리도 한층 기분 좋아질 거예요.

근사한 저녁을 달콤하게 마무리하는

티 테이블

손님을 대접할 때 집에서 음식을 차리는 게 부담스러워서 밖에서 밥을 먹고 집에서 차와 디저트만 내는 사람들이 많죠. 이럴 때는 차 한 잔에 손수 만든 쿠키나 케이크를 내면 좋습니다. 식사가 부실했을 때는 디저트 테이블에 신경 쓰는 것도 좋은 방법이거든요. 맛있는 케이크 한 조각이 즐거움이 될 것입니다.

The Menu of Tea Time

밀크티
핫 초콜릿
천도복숭아 처트니를 올린 아이스크림
쑥 퐁당 케이크

밀크티 & 핫 초콜릿

손님의 취향에 따라 티는 두세 종류 준비해 두는 게 좋죠. 커피는 기본으로 준비하고 그 외에 부드러운 밀크티와 달달한 핫 초콜릿을 준비합니다. 추운 날에는 홍차를 진하게 우려 따뜻한 우유와 함께 마시거나 우유를 넣고 달달하고 진하게 끓인 핫 초콜릿이 그만이거든요. 더울 때는 아이스로 준비해도 좋습니다.

밀크티

• Ingredients •

홍차(얼그레이) 티백 4개
뜨거운 물 2컵
우유 ½컵
시럽 2큰술

• Recipe •

1. 볼에 홍차 티백을 넣고 뜨거운 물을 부어 진하게 우린다.
2. ①의 홍차를 냄비에 넣고 보글보글 끓이다가 우유와 시럽을 넣어 섞고 불을 끈다.

• 기호에 따라 시럽을 더 넣어도 된다.

핫 초콜릿

• Ingredients •

코코아 베이스 1큰술
우유 150㎖
연유 약간

코코아 베이스(½컵 분량)

다크 코코아 가루 45g
설탕 3큰술
올리고당 60g
물 90g

• Recipe •

1. 바닥이 두꺼운 냄비에 코코아 베이스 재료 중 다크 코코아 가루를 넣고 중불에서 커피색이 날 때까지 저으면서 볶는다.
2. ①에 설탕과 올리고당, 분량의 물을 붓고 약불에서 거품기로 저으면서 어느 정도 끓여 코코아 베이스를 만든다. 식혀서 밀폐용기에 보관한다.
3. 냄비에 우유와 코코아 베이스, 연유를 넣고 중불에서 따끈하게 데운다.

• 연유는 기호에 따라 가감한다.

천도복숭아 처트니를 올린 아이스크림

평범한 아이스크림도 위에 올리는 가니쉬에 따라 품격이 달라집니다. 매운 음식을 먹었을 때는 달달한
아이스크림이 간절한데, 아이스크림만 달랑 내는 것보다 과일을 얹어 내면 정성스러워 보이죠. 천도복숭아가
한창인 계절에 맛있는 천도복숭아를 골라 처트니를 만들어두면 여러 디저트에 가니쉬로 활용하기 좋아요.

· Ingredients ·

천도복숭아 처트니 ¼컵
아이스크림 1스쿱
냉동 블루베리 적당량
민트 잎 약간

천도복숭아 처트니

천도복숭아 5개
레몬 1개
소금 약간
설탕 ⅓컵
화이트 와인 ½컵

· Recipe ·

1. 천도복숭아는 깨끗이 씻어 껍질째 1㎝ 폭으로 잘라낸다.
2. 레몬은 껍질을 소금으로 잘 문질러 씻고 둥글게 슬라이스한다.
3. 냄비에 ①의 복숭아와 설탕을 넣어 끓이다가 복숭아가 숨이 죽으면
   화이트 와인과 레몬을 넣어 20분 정도 약불에서 조린다.
4. 국물이 바특해지고 복숭아가 말랑말랑해지면 불을 끄고 열탕소독한
   병에 넣어 보관한다.
5. 아이스크림을 볼에 담고 천도복숭아 처트니를 올린 뒤 블루베리와
   민트 잎으로 장식한다.

천도복숭아 처트니, 여러 디저트에 좋아요

한여름 무더위가 끝날 때쯤 천도복숭아가 나오기 시
작하죠. 이때 맛있는 것으로 골라 화이트 와인과 레
몬, 설탕을 넣어 조리면 고급스러운 맛의 천도복숭아
처트니가 됩니다. 호밀빵에 크림치즈를 바르고 처트
니를 듬뿍 얹어 먹어도 맛있고, 아이스크림 위에 얹
으면 상큼한 맛은 물론 비주얼까지 한 몫 하는 디저
트가 됩니다.

쑥 퐁당 케이크

커피나 홍차 등 차를 마시는 자리에 쿠키나 케이크 한 쪽 함께 내는 게 손님을 위한 배려라고 생각합니다.
쑥 가루를 넣은 향긋한 반죽에 화이트 초콜릿으로 풍미를 더한 쑥 케이크는 큼직한 틀에 구워 잘라 먹어도
좋지만 한입에 쏙 들어가도록 작게 구워보세요. 입안에서 부드러운 쑥과 초콜릿 향이 조화를 이뤄요.

• Ingredients •

화이트 초콜릿 240g
버터 80g
달걀 4개
설탕 140g
쑥 가루 24g
밀가루(박력분) 60g
슈거파우더 적당량

• Recipe •

1. 화이트 초콜릿은 잘게 썰어 볼에 담고 중탕으로 녹인다.

2. 버터는 실온에서 부드럽게 한 뒤 달걀을 넣어 거품기로 잘 섞고 설탕을
넣어 설탕이 녹을 정도로 섞는다.

3. ②에 쑥 가루와 밀가루 넣어 잘 섞고 ①의 화이트 초콜릿을 넣어
고루 섞는다.

4. ③의 반죽을 원하는 용기나 오븐 팬에 붓고 160℃로 예열한 오븐에서
15분간 굽는다.

5. 쑥 퐁당 케이크를 그릇에 담고 슈거파우더를 솔솔 뿌린다.

티 테이블을 아기자기하게 하는 소품 활용

식사 후 디저트를 먹을 때는 식사했던 자리를 정리한 뒤
디저트를 깔끔하게 차려 내야 이야기를 나누는 자리가 즐겁습니다.
특별히 격식을 차리지 않더라도 예쁜 찻잔에 차 한 잔 담고 정성 들여 만든
디저트를 냅니다. 그리고 굳이 찻잔을 세트로 맞출 필요는 없어요.
티의 종류에 맞는 잔을 사용하는 게 중요하죠. 커피나 밀크티를 낼 때
밀크 저그나 슈거 볼도 함께 내며 티 테이블이 아기자기해 질 겁니다.
테이블에 어울리는 소품을 적절히 활용하세요.

마음을 전하는
음식 선물

예부터 우리나라 사람들은 음식을 주고 받으면서 정을 키웠지요. 때와 상황에 맞는 음식 선물은 주는 사람이나 받는 사람 모두의 마음을 기쁘게 합니다. 앞서 소개한 요리 중에서 선물하기 좋은 몇 가지 레시피를 골라 간편하고 멋스러운 포장법과 함께 알려드립니다. 정성이 가득 담긴 요리를 선물해 보세요.

Present

윗어른 선물로 그만인
들깨 겨자소스 묵은지 냉채

잎채소가 들어가지 않아 물이 거의 생기지 않으니 선물하기 좋은 냉채입니다. 어른들이 좋아하는 맛이라 윗사람에게 선물하기 좋죠. 뚜껑 있는 그릇에 소담하게 담고 보자기로 예쁘게 감싸 묶습니다. 그리고 매듭 위에 작은 꽃이나 잎사귀를 꽂으면 평범한 포장도 화려하고 멋스러워지죠. 예쁘게 매듭을 지을 수 있다면 그 자체로도 좋겠지만 매듭에 자신이 없는 분들은 장식을 더해보세요. p.130

Present

와인 안주나 간식으로 최고인
곶감 치즈 말이

곶감 치즈 말이는 남녀노소 누구나 좋아하는 음식입니다. 간식이나 디저트로 하나씩 집어먹기 좋고 와인 안주로도 훌륭해 다른 집을 방문할 때 선물용으로 좋아요. 일회용기보다는 예쁜 그릇에 담아 선물하면 선물의 격을 한 층 더 높일 수 있습니다. 그냥 담으면 곶감 말이가 그릇에 달라붙어 떼어내기 힘드니 종이 포일을 한 장 깔고 담는 것이 좋습니다. 뚜껑이 있는 그릇에 담아 그릇과 함께 선물해보세요. p.224

Present

여러 요리에 활용도가 높은
바질 페스토

바질 페스토처럼 여러 요리에 사용되는 소스는 그때그때 만들기보다 한 번에 많이 만들어서 보관하면 편합니다. 넉넉히 만들어서 여러 개의 작은 병에 담아두었다가 우리 집을 찾은 손님에게 한 병씩 선물해 보세요. 만들어두면 오래 먹기 때문에 병에 라벨지를 달아 만든 날짜를 적어두는 것이 좋아요. 선물할 때는 간단한 메시지나 좋은 문구를 함께 적으면 별다른 포장 없이도 훌륭한 선물이 됩니다. p.63

누구나 좋아하는 건강 간식
그래놀라

여러 가지 견과류를 섞어 만든 그래놀라는 만들어 두
면 요거트에 섞어 아침 식사 대용이나 간식으로 먹기
좋아 누구에게나 주기 좋은 선물입니다. 견과류는 산
화되기 쉬우니 밀폐가 잘 되는 용기에 담아 선물하세
요. 예쁜 종이 냅킨으로 뚜껑을 감싸고 끈으로 묶어 마
무리하면 정성 가득한 홈메이드 선물이 됩니다. 그래놀
라에 들어간 재료들을 라벨지에 적어 달아주는 센스
도 잊지 마세요. p.71

병문안 갈 때 좋은
오이 백김치

맛있게 담근 김치는 어떤 음식 선물보다 좋은 선물이
죠. 국물 자작하고 시원한 오이 백김치는 입맛을 돋게
해 환자나 나이 많은 어른을 위한 선물로 제격입니다.
뚜껑이 튼튼한 밀폐용기를 사용해야 냄새가 덜 새어나
가고 국물이 흐르지 않아 이동이 편해요. 오이 백김치
는 모양이 예뻐 투명 용기에 담고 끈으로 한 번 묶는 것
만으로도 심심하지 않은 포장이 됩니다. 병문안을 갈
때는 쾌유의 메시지도 함께 적어 보세요. p.182

요리 초보에게 비법 같은
양념 고추장

양념 고추장은 더덕이나 황태 등의 구이나 오징어채 무
침 등 여러 요리에 활용할 수 있습니다. 양념 고추장 같
은 소스나 장류를 선물할 때는 실제로 사용할 수 있는
용기에 담아 선물하는 게 좋아요. 작은 항아리나 도기
에 담아 선물하는 것도 좋고 투명한 용기에 담아도 괜찮
습니다. 거창한 포장보다 간단한 포장이 더 잘 어울리지
요. 가볍게 천으로 감싸고 리본테이프나 끈으로 묶어서
포인트만 주고 금방 풀어낼 수 있게 포장합니다. p.35

디저트를 격 있게 만드는
천도복숭아 처트니

잼이나 처트니는 금속용기에 보관할 경우 당분과 금속
의 반응에 의해 맛이 변질될 수 있으니 유리병에 담아
보관해야 합니다. 끓는 물에 병을 소독한 다음 물기를
없애고 담아야 오래 두고 먹을 수 있어요. 처트니는 과
육의 모양을 살려 조렸기 때문에 병 입구가 넓고 속이
깊지 않은 병에 담아야 꺼내기 편리하죠. 천도복숭아
뿐 아니라 사과, 망고, 파인애플 등 다양한 과일로 처트
니를 만들어 선물해보세요. p.233

『우정욱의 맑은 날, 정갈한 요리』 그 후
컨설팅 이야기 *Consulting story*

5년 전『맑은 날, 정갈한 요리』책을 내고 지금까지 저에게 많은 일들이 일어났어요. 그 중에서 가장 큰 일을 하나 꼽으라고 한다면 메뉴 컨설턴트로 일한 경험입니다. 두 번째 책을 만들자고 제의를 받았을 때 가장 먼저 떠오른 것이 바로 그동안 컨설팅하며 배우고 느꼈던 점을 나누고 싶다는 거였어요. 이번 책은 단순히 요리 레시피를 하나씩 소개하는 것이 아니라, 주어진 상황에서 서로 어울리는 메뉴를 구성해 제안하는 작업이었기 때문에 생각했던 것보다 훨씬 더 신경 써야 할 것들이 많았어요. 이번 책 작업을 하면서 5년 동안 상황과 대상에 맞게 메뉴를 구상하고 컨설팅 했던 경험이 아주 큰 도움이 되었습니다.

카페 톨릭스 Cafe Tolix
아주 우연한 기회에 제 음식을 먹어본 분이 새로운 형식의 카페를 오픈 하는데 요리를 제공해 보지 않겠냐고 제의를 하셨어요. 가벼운 마음으로 알겠다고 대답했지만 매장이 80석이 넘는 넓은 규모인 데다 손님들의 입맛이 까다롭기로 소문난 타워팰리스 상가 1층에 자리를 잡게 되면서 일의 규모와 함께 부담감도 커졌지요. 주방 리더로 합류하게 되면서 겪은 일들은 여태껏 경험해보지 못한 일들이었어요. 그때를 생각하면 정말 아찔할 정도로 어려운 시간이었습니다. 대용량의 음식을 레시피화 하는 것, 가지 각색의 고객 입맛을 수용하는 것은 쉽지 않은 일이었지요. 일 년 동안 주방을 책임지면서 홀과 주방이 협력해서 조화를 이루어야 한다는 사실과, 맛과 서비스는 서로 다른 것이 아닌 하나라는 사실도 깨닫게 되었습니다. 50여 가지가 넘는 메뉴를 내놓고 세 가지의 킬러 메뉴가 생기면서 식당이 지금도 성황을 누리고 있어 감사한 마음입니다. 카페 톨릭스에서의 시간들은 제가 세상으로 나오는 훈련의 시간이었고, 가정요리가 세상에 나가서도 인정받을 수 있다는 것을 확인시켜 준 소중한 시간이었습니다.

터키 총영사 농식품 행사

카페 톨릭스에서 셰프 일을 마치고 다시 요리 클래스를 진행하고 있을 때 터키 이스탄불 총영사관으로부터 농식품 행사를 맡아달라는 제의를 받았습니다. '사한'이라는 아주 크고 전통있는 터키 식당과 한국 외교부가 협력해서 한국 음식을 제공하는 아주 의미 있는 프로젝트였어요. 1600석 규모에 120명의 셰프가 일하는 아주 큰 식당에서 14일 동안 200석의 공간을 한국 음식으로 채워야 했습니다. 도착하자마자 이틀 후에 있을 200여 명이 참석하는 리셉션을 위해 40통의 김치를 담그고 시장 곳곳을 돌아다니며 한국적인 그릇을 찾느라 정신 없었어요. 음식은 가장 한국적인 대표 음식으로 준비했습니다. 호박죽, 김치전, 잡채, 불고기, 비빔밥, 닭불고기 덮밥, 떡볶이 등 7가지 메뉴에 호떡과 오미자 에이드 등 디저트도 준비했죠. 강행군으로 진행된 행사였지만 한국 음식을 다른 나라에 알렸다는 뿌듯한 마음에 힘든 줄 몰랐습니다. 지하 2층의 운동장 같은 주방에서 터키 셰프들과 한국 음식을 만들며 따뜻한 우정을 나눈 것은 지금까지 좋은 기억으로 남아있습니다.

이도의 세라즈마노Ceras Mano와 그 밖의 컨설팅

저는 도자기에 관심이 많아 신혼 때부터 작가들의 그릇들을 조금씩 사 모았어요. 그중에서도 이도의 이윤신 선생님 그릇은 투박하지 않은 세련된 느낌이 마음에 들어 좋아하고 있었습니다. 이윤신 선생님으로부터 새롭게 준비 중인 레스토랑의 컨설팅을 부탁받았을 때 흔쾌히 대답할 수 있었던 것은 이전의 경험들을 통해 맛과 메뉴 선정은 제가 가장 잘 하는 분야라는 것을 확인할 수 있었기 때문입니다. 하나의 일이 끝날 때마다 새로운 일들이 연이어 시작되었습니다. 중국 상하이의 브런치집, 강남의 경양식집 등 메뉴 컨설팅 일이 차례대로 이어져 저의 부엌은 늘 영업장이었어요. 경양식집의 메뉴 컨설팅을 할 때는 미식가인 남편과 동경에 가서 3박 4일 동안 햄버그스테이크만 먹은 적도 있습니다. 많은 시간과 적지 않은 돈을 투자해야 했지만 그보다 몇 배나 되는 결과물을 갖고 돌아올 수 있었어요. 많이 투자하고 노력할수록 결과가 좋다는 것을 알기 때문에 피곤하다는 이유로 안주하지 않고 열심히 노력하려고 합니다.

제가 가지고 있는 작은 능력이 누군가에게 도움이 될 수 있다는 것은 정말 감사한 일이라고 생각합니다. 때문에 저는 컨설팅을 할 때 제가 알고 있는 것을 기쁜 마음으로 최선을 다해 거짓없이 알려주려고 해요. 이 책 또한 그런 마음을 담아 만들었습니다. 제가 가지고 있는 지식과 경험이 읽는 분들께 조금이나마 도움이 되길 바랍니다.

INDEX

가나다 순

특별한 모임을 위한
메뉴 플래닝 *Menu planning*

우정욱의
좋은 사람
행복한 요리

저자	우정욱
발행인	장상원
편집인	이명원

초판 1쇄	2014년 11월 12일
5쇄	2021년 2월 1일
발행처	(주)비앤씨월드 출판등록 1994. 1. 21. 제16-818호
	주소 서울특별시 강남구 선릉로 132길 3-6 서원빌딩 3층
	전화 (02)547-5233 팩스 (02)549-5235
	홈페이지 http://bncworld.co.kr 인스타그램 @bncworld
	블로그 http://blog.naver.com/bncbookcafe
편집·진행	이채현, 심보경
사진	박영하
스타일링	김선주(Foodstylist Sunjoo.K)
스타일링 어시스트	윤민경
요리 어시스트	한수진, 문진희, 이윤주
디자인	박갑경
협찬처	플라워 / 김지현(이브포랩)
	그릇 및 소품 / 도예가 이지은, 웅갤러리, 이도,
	이브콜렉션(하빌랜드), 에델바움,
	조은숙 갤러리(허명욱 작가, 박미경 작가), 윤현상재
ISBN	978-89-88274-99-6 93590

이 도서의 국립중앙도서관 출판예정도서목록(CIP)은 서지정보유통지원시스템 홈페이지
(http://seoji.nl.go.kr)와 국가자료공동목록시스템(http://www.nl.go.kr/kolisnet)에서
이용하실 수 있습니다. (CIP제어번호 : CIP2014031736)